PHOTOGRAPHY
LIGHT & LIGHTING

摄影用光之美

陈丹丹 著

人 民 邮 电 出 版 社
北 京

内容提要

首先，本书为读者讲解摄影用光的基础知识，告诉读者摄影用光的基本法则。摄影用光不止是技术，更是一种艺术。摄影不仅仅只是真实还原现实中的场景，通过千变万化的光线，我们可以让拍摄的画面展现出不同的艺术效果。这就是摄影用光的魅力所在。

其次，本书总结了自然光、环境光下的用光技巧。同时，在介绍了影棚中的布光方法。同时，也为初学者总结出常见用光误区及解决方案。

最后，介绍了用于处理曝光问题的几款后期处理软件，着重介绍了Photoshop软件中灵活便捷的Camera RAW插件，以及该插件处理一些常会遇到的问题。

本书适合摄影初学者学习摄影用光技巧，也适合具有一定基础的摄影爱好者用于提高自己的摄影用光水平。

前言

因为有了光，我们才可以看见这个五彩斑斓的世界；也正因为有了光，我们才能进行摄影创作。摄影是光与影的艺术，光线在摄影中就相当于画家手中的画笔。所以，摄影创作离不开光。

一张优秀的摄影作品，除了要有好的主题和构图之外，还要懂得如何精巧用光。同样的景物，在不同的光线环境下拍摄，会呈现出不同的画面效果，如果光线运用得当，便会是一幅非常精美耐看的摄影作品；但如果光线运用不好，可能会失去画面原有的吸引力，变得平淡无奇。

光线对于摄影而言，是如此重要。那么，对于摄于初学者来说，学习用光是不是一件很复杂的事情呢？其实，世间万事，找对了源头，掌握了其中的窍门，都会化繁为简。

本书，将从摄影曝光与用光的基础知识开始，由浅入深逐步讲解。读完本书，大家能够从中获取所有跟摄影用光、曝光的知识，可以完成以下技能的提升：

1. 首先，你将不再会拍摄出那种画面过黑过暗或者过白过亮的照片，也就是说本书会指导你掌握曝光的基本技能——准确曝光；

2. 如果现场拍摄时发现拍摄的照片曝光过度或者曝光不足，本书会指导你如何使用数码单反相机的曝光补偿功能，迅速调整曝光；

3. 不同性质的光线，最终会给照片带来什么样的画面效果？本书中都能找到答案；

4. 那种如丝绸般柔滑的水流照片、水珠被凝固的画面、烟花绽放的效果、夜晚车流轨迹的画面（，）等等，这些曾经让你赞叹不已的照片，读完本书，你也可以轻松拍摄出来；

5. 在自然光环境下，拍摄人像、风光、花卉，如何选取光线角度，如何曝光会让作品更精美；

6. 在光线不可随意调整的室内环境，如酒吧里、餐馆里或者家中，如何拍出画面清晰、肤色柔美的美女人像照片；

7. 神秘莫测的影棚，里面到底都有些什么设备，他们各自都做什么用途？本书里面可以找到答案；

8. 商业摄影师在影棚里如何摆布各种灯具设备，完成一幅幅高大上的人像大片和静物作品？本书会为你揭秘；

9. 现如今这数码时代，后期处理很重要。前期拍摄效果不理想，本书会教你如何通过后期软件来调整。其实一点都不难！看完本书，你立马也会了！

综上所述，这是一本阅读起来非常容易，但却能在短时间让你掌握摄影用光、曝光窍门，并快速提升摄影技能的图书。

本书能在既定时间顺利完稿，首先感谢赵子文、付文瀚、柏春雪对本书图文的整理。另外，感谢摄影师（排名不分先后）王庆飞、赵子文、付文瀚、董帅、白頔、柏春雪、吴法磊、艾远新、张韬、周盼盼、张志超、马楠等为本书提供精美的摄影作品。更感谢作为读者的你，从浩瀚的书海中，唯独捡拾起我们编写的这一本。希望书中每一个感动我的文字和图片，同样也能打动你。

我们在编写书稿的过程中，对技术的把握力求严谨准确，对文字的核对力求通畅易读，但仍难免存在疏漏，欢迎影友指正。邮箱：770627@126.com。

目录

目录

目录

Scene Of Childhood

目录

第1章

掌握最基本的摄影用光——准确曝光照片

不可否认，摄影是一门关于用光的艺术。无论我们拍摄什么样的摄影题材，光线都是摄影的根本。可以说没有光线，便没有了摄影。

本章，我们先从摄影用光最为基础的准确曝光着手，了解摄影中最为基本的用光知识。

1.1 什么是曝光

谈到摄影用光的基础知识，我们便要首先了解曝光一词。

所谓曝光，简单来说，就是指被拍摄场景在光线作用下，通过相机镜头投射到感光片上，使之发生化学变化，产生显影的过程。

也就是说，曝光是一个过程，是拍摄的场景通过相机成像显影的过程，以实际拍摄中的环节来说，就是我们按下快门，相机记录下拍摄场景的那一刹那。

需要注意的是，我们这里所说的曝光只是按下快门，相机显影成像的瞬间，并没有涉及照片显影之后究竟是什么样的效果，也就是说，不论照片拍摄得怎么样，外界景物通过相机感光元件最后显影成像的过程都称为曝光。

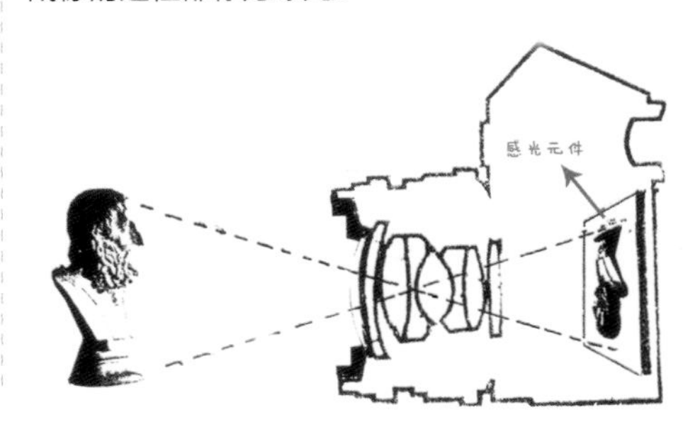

曝光示意图

70mm f/2.8 1/60s ISO 200

将实际场景中的景物用相机记录下来的过程便是曝光，曝光也是摄影最为基础的一个成分

1.2 什么是准确曝光

在了解什么是准确曝光之前，我们先了解一下曝光之中常会出现的问题，即曝光过度和曝光不足。

曝光过度，此时照片画面整体偏亮、发白，亮部细节层次丢失，画面色彩不够艳丽，不能真实还原景物原貌。

曝光不足，此时照片画面整体偏暗、偏黑，画面中暗部细节丢失，也会对画面中的色彩产生影响，使得暗部细节损失明显，画面整体质感非常粗糙，发暗红色。

通过以上介绍我们不难看出，准确曝光其实就是一幅照片其亮部与暗部都得到准确的表现，细节层次没有丢失，画面色彩也不会因为曝光不准而产生偏差。

照片曝光过度，会发现照片中天空亮部细节丢失严重

照片曝光不足，会发现照片中地面建筑暗部细节丢失

17mm　f/8　1/400s　ISO 200

照片曝光准确时，照片中的亮部细节与暗部细节都可以得到很好表现，且不会出现细节丢失的问题

1.3 与曝光有关的3个要素

之前，我们简单了解了什么是曝光，什么是准确曝光，还介绍了曝光过度和曝光不足。那么，我们在实际拍摄中，要如何控制曝光，才可以使曝光准确呢？这就需要我们了解一下相机中与曝光有关的要素了，即光圈、快门速度、感光度。

1.3.1 光圈

光圈，英文名称为Aperture，通常出现在镜头内，是一个用来控制光线投射到感光元件多少的光量装置，控制着透过镜头进入机身的光量多少，通常用“f/”来表示。需要注意的是，对于同一款镜头，光圈数值越小代表着光圈开口越大，比如f/2.8的光圈开口要大于f/8.0的光圈开口，我们称光圈f/2.8是大于光圈f/8.0的。

光圈与曝光的关系可以简单归结为，在同一场景拍摄，光源不变，感光度和快门速度固定的情况下，光圈越大，照片越亮；光圈越小，照片越暗。若是以自来水作比喻，将光线比作水流，那么光圈就是水龙头开启的大小，水龙头开启越大，水流也越大；相反，则水流越小。

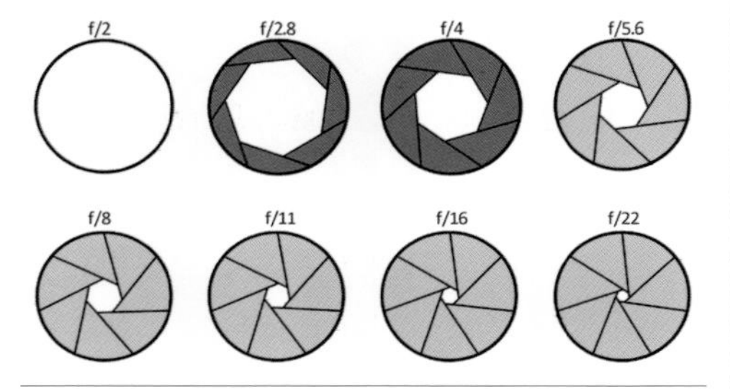

光圈大小与光圈值对应表

镜头中的光圈部件

为了更直接地理解光圈与曝光的关系，我们做一组对比：选择同一场景，将快门速度设置为1/200s、感光度设置为ISO 400，并保持相机参数不变，分别拍摄一组光圈为f/2.8、f/4.5、f/5.6、f/7.1、f/10、f/13的照片，对比照片亮度，会发现其他参数一定的情况下，光圈越大，照片越亮；反之，照片越暗

1.3.2 快门速度

快门速度是指数码单反相机镜头前阻挡光线的机械开合装置，它的作用是控制光线投射在感光元件上的时间长短，进而影响最终的曝光结果。因为是时间的长短，所以快门速度常用“秒（s）”作单位。

快门速度与曝光的关系也可以简单归结为，同一场景拍摄，光源不变，感光度与光圈固定不变的情况下，快门速度越快，感光元件受光越少，照片越暗；反之，快门速度越慢，感光元件受光越多，照片越亮。

同样以自来水作比喻，将光线比作水流，快门便是水龙头开关，开启的时间越久，水流量越多，反之水流量则越少。

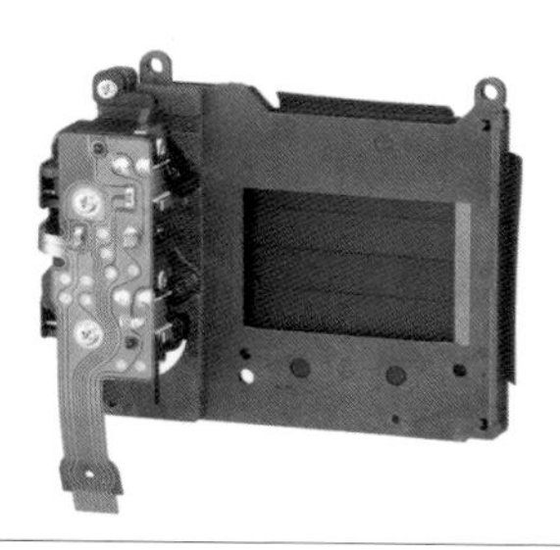

相机中的快门部件

100mm f/2.8 1/80s ISO 100

100mm f/2.8 1/400s ISO 100

100mm f/2.8 1/1600s ISO 100

为了更直接地理解快门速度与曝光的关系，我们做一组对比：选择光源较稳定的场景，将光圈与感光度设置为恒定不变，观察快门速度对曝光的影响。这组对比照片中，同一场景，光圈设置为f/2.8，感光度设置为ISO 100，并且这两个参数不变，对比快门速度分别为1/80s、1/400s和1/1600s时的照片亮度。可以看出，在其他条件恒定不变的情况下，快门速度越慢，照片曝光越充足，照片越亮；反之，则越暗

1.3.3 感光度

在摄影领域，感光度是指相机中感光元件（CCD或CMOS）对光线感应的灵敏程度，也可以说是影像传感器产生光化作用的能力。一般以ISO数值来表示感光度，感光度数值越大，感光元件对光线感应越灵敏。

感光度与曝光的关系，简单来说，便是同一场景中，光源不变的情况下，光圈与快门速度一定时，感光度越高，感光元件对光源感应越是灵敏，照片则会越亮；反之，感光度越低，照片则会越暗。

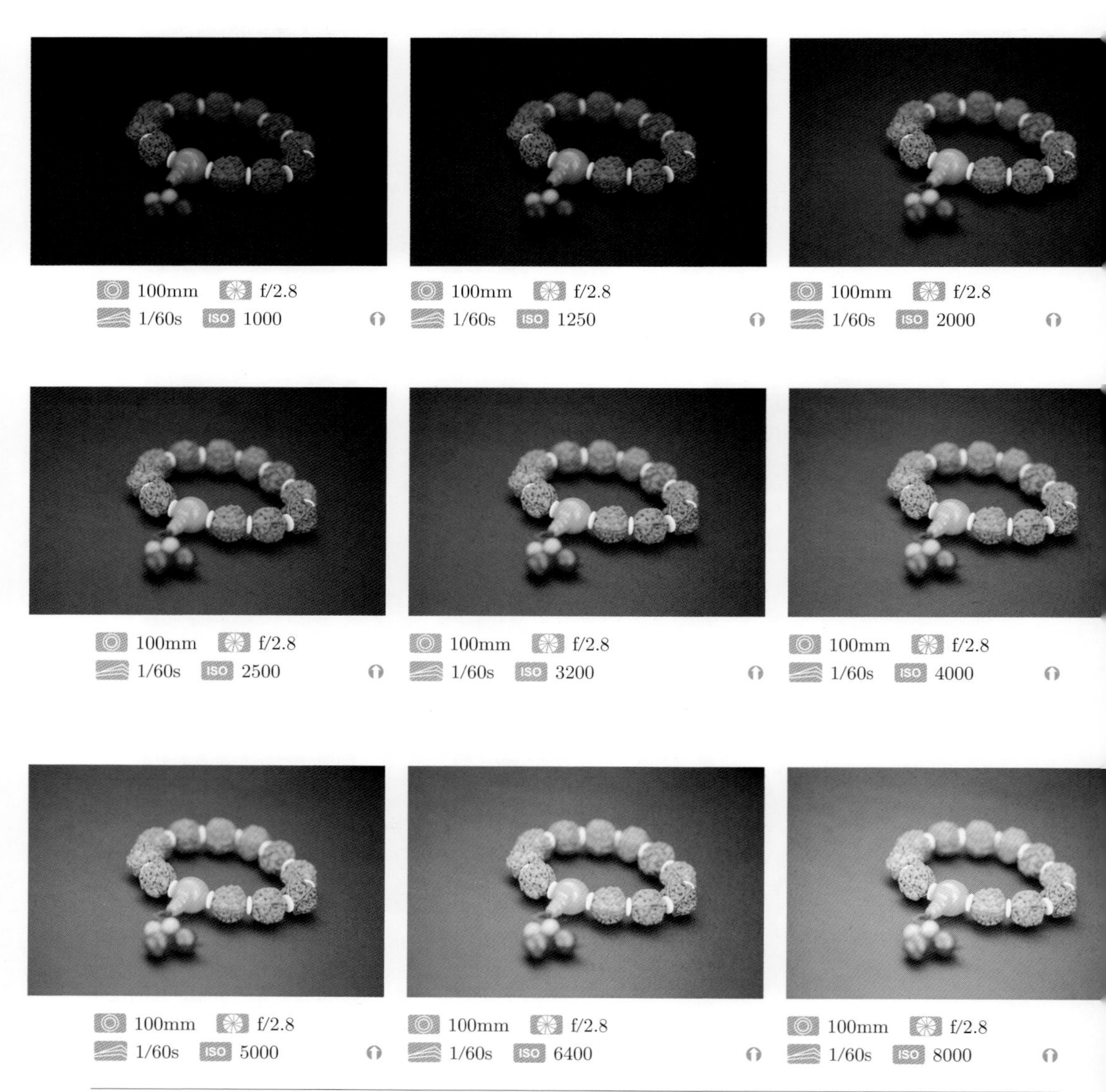

为了更直接地理解感光度与曝光的关系，我们做一组对比：选择同一场景，将快门速度设置为1/60s，光圈设置为f/2.8，并保持相机参数不变，分别拍摄一组感光度为ISO 1000、ISO 1250、ISO 2000、ISO 2500、ISO 3200、ISO 4000、ISO 5000、ISO 6400和ISO 8000的照片，对比照片亮度，会发现其他参数一定的情况下，感光度值越大，照片越亮；反之，照片越暗

1.4 曝光三要素之间的关系

介绍曝光与曝光三要素之间单独关系之后，我们来了解一下在确保照片准确曝光时，曝光三元素，即光圈、快门速度、感光度三者之间的关系。

在了解三者之间关系时，我们可以先将其中一个因素固定，讨论为使曝光准确，其他两个要素之间的关系。

首先，设置感光度值，并确保感光度值不变，为使照片曝光准确，观察并对比光圈与快门速度之间的关系。通过以下对比照片我们会发现，同一场景中，光源不变，感光度一定时，为使曝光准确，光圈与快门速度成负相关关系，也就是说，光圈增大时，为确保照片曝光准确，快门速度便要提高；反之光圈减小时，为使照片曝光准确，快门速度便要降低。

f/9.0 1/160s ISO 800

f/6.3 1/250s ISO 800

f/4.5 1/640s ISO 800

f/2.8 1/1600s ISO 800

其次，设置光圈值，并确保光圈值不变，保证准确曝光，我们观察并对比快门速度与感光度之间的关系。通过对比可以发现，同一场景中，光源不变，光圈值一定时，为获得准确曝光，快门速度与感光度成正相关关系，也就是说，其他条件不变情况下，快门速度越快，为确保准确曝光，感光度也要提高。

f/2.8 1/500s ISO 200

f/2.8 1/1000s ISO 400

f/2.8 1/2000s ISO 800

f/2.8 1/5000s ISO 2000

最后，设置快门速度，并确保快门速度不变，保证照片曝光准确，观察并对比光圈与感光度之间的关系。通过对比可以发现，同一场景中，光源不变，快门速度一定时，为获得准确曝光，光圈与感光度成负相关关系，也就是说，其他条件不变的情况下，光圈增大，为确保准确曝光，便需要降低感光度值；反之光圈减少，则需要增加感光度值。

f/2.8 1/2000s ISO 800

f/4.5 1/2000s ISO 1600

f/6.3 1/2000s ISO 3200

f/11 1/2000s ISO 10000

1.5 数码单反相机的测光模式

对于初学者来说，完全手动调节曝光三要素来控制曝光未免太过困难。不过，比较幸运的是，目前数码相机都有着高智能、高效的自动测光模式，拍摄者可以通过相机自身具有的测光模式进行测光拍摄。在这些测光模式中，较为常见的便是中央重点平均测光、评价测光以及点测光。

1.5.1 中央重点平均测光

中央重点平均测光，这是佳能的叫法，尼康则称其为“中央重点测光”。该种测光模式偏重于取景器中央，然后平均到整个场景。

这就意味着，在使用中央重点平均测光模式时，最好让拍摄主体处于画面中央的位置。另外，在出现曝光不准的情况时，可以通过调节曝光补偿来处理。

值得注意的是，这种测光模式存在着不够精确和容易受到周围环境亮度干扰的缺点。当拍摄主体不在画面中心时，主体容易出现曝光偏差。

中央重点平均测光常在以下几种情况下使用。

（1）拍摄以中心构图为主要构图方式的照片。

（2）拍摄人物居中的人像作品。中央重点测光对大多数人像拍摄十分适用，被很多影友称为“经典人像测光模式”，尤其适合拍摄室内人像，因为室内空间较小，构图的方式基本上是把人物放在画面的中心位置，所以使用中央重点平均测光会较为准确地把握好主体人物的测光。

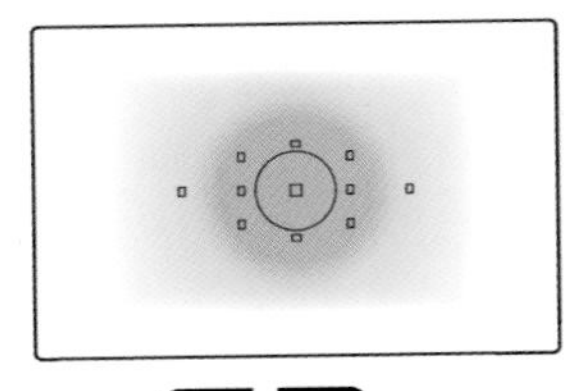

中央重点平均测光测光区域示意图

佳能中央重点平均测光图标

尼康中央重点测光图标

100mm f/4 1/400s ISO 200

在室内拍摄多个人像作品时，使用中央重点平均测光进行测光，照片中的每一人都可以得到更为准确的曝光

1.5.2　评价测光

评价测光，又称为分隔测光，这是佳能相机的叫法，尼康相机则称之为“矩阵测光”，其原理是将取景画面分割为若干个测光区域，每个区域独立测光后，再整体整合加权计算出一个整体的曝光值。

通过使用评价测光模式进行拍摄，可以使画面的整体曝光较为均衡。这种测光模式具有曝光误差小和智能快捷的优点。对于还不太熟悉曝光技巧的初学者，也能够利用这一测光模式拍摄出曝光较为准确的照片。

评价测光常在以下几种情况下使用。

（1）在顶光或者顺光时的拍摄。

（2）拍摄大场景的人像和风光时。

（3）在抓拍生活中的照片时。

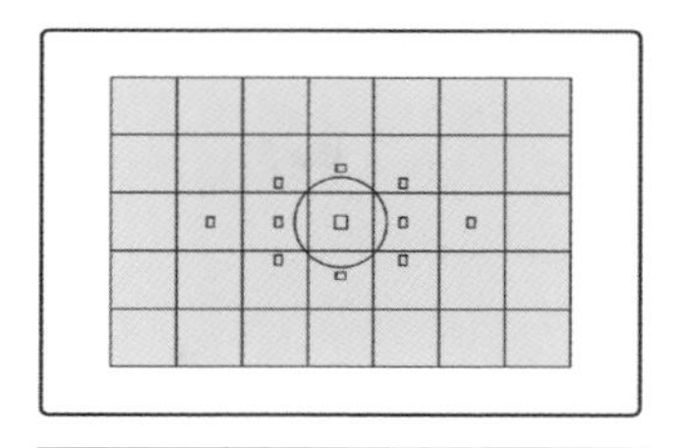

评价测光测光区域示意图

佳能评价测光图标

尼康矩阵测光图标

50mm　f/7.1　1/600s　ISO 100

拍摄光照比较均衡的大场景风景照片时，选择评价测光，可以使画面获得较为准确的曝光

1.5.3 点测光

所谓点测光其实并不是只是针对一个点进行测光，而是指对取景范围很小的区域（约占画面的5%的地方）进行测光。其特点是准确性强，不受测光区域以外的物体亮度的影响。

在目前所存在的测光模式中，点测光算得上是最为精确的测光模式，它也是诸多专业摄影师经常使用的测光模式。

需要我们注意的是：点测光的精度较高，如果测光的位置选择有误，则会让整张照片的曝光不足或者过度。这也表明点测光模式是诸多测光模式中最难把握的测光方式。因此在实际拍摄时，如果使用点测光，拍摄者便需要注意照片拍摄时的实际测光点。

点测光常在以下几种情况下使用。

（1）在拍摄微距花卉、静物时，需要对拍摄主体进行准确曝光时。

（2）在背景与拍摄主体光比和反差过大时。

（3）在拍摄人像、风光时，为了突出某一局部细节，表现其层次质感时。

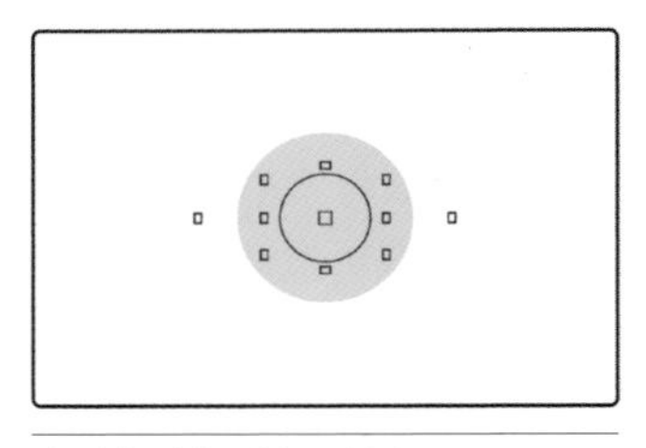

点测光测光区域示意图

佳能点测光图标

尼康点测光图标

100mm f/4 1/400s ISO 100

拍摄花卉时，可以使用点测光，从而确保花卉主体的光线曝光准确

1.6 常见曝光模式

为了便于操作，相机还为用户提供了多种曝光模式。借助这些曝光模式，我们的拍摄会更加便捷，轻松。

1.6.1 光圈优先模式

光圈优先曝光模式，又称为光圈优先自动模式，佳能相机用Av表示，尼康相机用A表示。

光圈优先指的就是我们可以手动设定光圈值，然后相机根据测光结果自动设置快门速度，从而得到正确的曝光。

使用光圈优先模式，可以根据我们的拍摄需求来调整光圈。通过光圈的调整，可以控制所拍照片的景深效果，既可用大光圈虚化背景，又可用小光圈展现全貌。因此光圈优先模式主要用于对光圈大小有一定需求的拍摄场景中。

光圈优先模式通常在以下4种情况下使用。

（1）拍摄微距照片时。

（2）拍摄大景深建筑时。

（3）拍摄大多数风光摄影时。

（4）拍摄人像照片时。

佳能光圈优先模式图标

尼康光圈优先模式图标

100mm f/3.2 1/400s ISO 100

拍摄背景虚化的人像作品时，可以使用光圈优先模式

1.6.2 快门优先模式

快门优先模式，通常佳能相机用Tv表示，尼康相机用S表示。

快门优先模式指的就是我们可以手动设定快门速度，然后相机根据测光的结果自动设置光圈值，从而得到正确的曝光。

使用快门优先模式，可以根据我们的拍摄需求来调整快门速度，既可使用高速快门凝固动态瞬间，又可以使用低速快门记录拍摄对象的动势和运动轨迹。

快门优先模式通常在以下3种情况下使用。

（1）拍摄快速移动的物体并且希望凝固瞬间动作时。

（2）想要刻意造成一些虚化效果以强调拍摄对象的动感时。

（3）需要长时间曝光时。

佳能快门优先模式图标

尼康快门优先模式图标

12mm f/4 1/1000s ISO 400

拍摄一些运动性题材时，可以使用快门优先模式进行拍摄，这样在高速快门的捕捉下，可以快捷地拍摄到运动的精彩瞬间

1.6.3　手动模式

手动拍摄模式也称作M模式，这种模式源于最原始拍摄方法，因其独特优势一直保留至今。

简单来说，手动模式就是在拍摄的过程中，需要光圈、快门速度、感光度等各项参数都由我们进行手动控制。

使用手动模式，可以根据拍摄具体需求对相机各项拍摄参数做手动调节。尤其是在面对一些光线比较复杂的场景时，更是需要采用手动模式来实现准确的曝光。不过，这种模式对摄影技术要求较高，更适合具有一定摄影基础的人使用。

手动模式通常在以下4种情况下使用。

（1）想要拍摄剪影效果时。

（2）拍摄环境光线较为复杂的晚会演出时。

（3）当拍摄环境容易给机内测光表造成假象时。

（4）在学习曝光元素间如何相互联系和影响时。

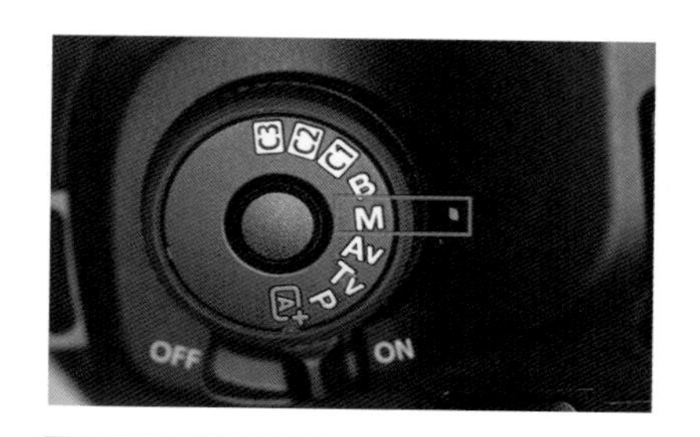

佳能手动模式图标

尼康手动模式图标

 200mm 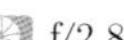 f/2.8  1/8000s ISO 100

使用手动模式拍摄，可以更为便捷轻松地完成高光比环境下的剪影拍摄

1.7 如何获得准确的曝光

在了解了一些曝光的基础知识以及如何控制一张照片的曝光之后，仍然会有很多初学者有所疑惑，那就是我们在拍摄中，怎么确定照片曝光是否准确，也就是说曝光的基本原则是什么，又该以什么作为参照。接下来，我们便了解一下这些问题。

1.7.1 曝光的基本原则

对于初学者来说，最为基本的便是要通过调节参数，真实还原人眼所看到的场景。也可以说，曝光首先就是要确保场景中细节得到完好呈现。

之前提到，过暗或过亮的画面都会造成一定程度的细节丢失。因此，曝光的原则就是尽量保证作品的细节能够清晰呈现在人们面前。

另外，光线充足与否也直接制约着照片细节的呈现。尤其是光线较暗的夜晚，明暗反差强烈的场景等，很容易就会造成细节丢失的现象。为此，在应对这些拍摄环境时，我们需要采取一些措施，从而保证照片细节的呈现。比如，在光线较暗的场景中，提高感光度、增大光圈或者使用三脚架等附件保证相机的稳定，都可以解决场景光线不足的问题，从而使照片曝光准确，确保画面细节得到完好呈现。

17mm f/12 1/200s ISO 100

在拍摄明暗对比较为强烈的场景时，可以将画面中明亮区域与暗部区域的细节作为参考，进行拍摄

400mm f/5.6 1/800s ISO 1000

拍摄主体与背景明暗对比明显的场景时，可以在保证主体清晰完整表现的情况下压暗背景环境，从而营造一种明暗对比的效果

17mm f/20 1/15s ISO 100

在光线不足的夜晚拍摄时，可以借助三脚架稳定相机，并选用慢速快门进行拍摄，从而确保照片中暗部细节得到很好的呈现

1.7.2 曝光锁的使用

曝光锁是数码相机上一个很重要的部件，也是在复杂光线环境下获得准确曝光的理想工具，它可以锁定相机对一个区域进行测光之后的数值，这样我们再重新构图时也不会受到新光线的干扰，从而得到想要的曝光效果。

第一步：找到画面中较亮的位置，将测光点放在该位置上，并半按快门，让相机对该位置进行测光，听到快门合焦的“滴滴”声后保持不动。

找到画面中比较亮的区域进行测光

第三步：重新构图，并按下快门拍摄，得到剪影效果非常明显的画面。

曝光锁常用于逆光拍摄，在拍摄时我们要将相机设置为点测光或是局部测光模式，以便使测光值更加精准。

下面我们以拍摄逆光剪影的方式，为大家讲解一下曝光锁的使用方法。

第二步：听到快门的“滴滴”声后按下相机上的曝光锁按钮。佳能相机的曝光锁为“*”标识的按钮，尼康相机的曝光锁为AE-L按钮，但通常尼康相机的曝光锁会和对焦锁是一个按钮，我们可以通过设置，将此按钮设置为仅AE锁定或是AE/AF都锁定等。

尼康相机的曝光锁按钮

f4指定AE-L/AF-L按钮
按下
AE/AF锁定
仅AE锁定
AE锁定(保持)
仅AF锁定
AF-ON
FV锁定
无

可以在自定义菜单“指定AE-L/AF-L按钮”中设定按钮功能

佳能相机的曝光锁按钮

85mm
f/12
1/1000s
ISO 400

在拍摄剪影画面时，可以先使用曝光锁对画面亮部进行测光锁定，之后再重新构图拍摄

1.7.3 学会解读直方图

直方图又称为柱状图，在摄影中，直方图的横坐标表示亮度分布，左边暗，右边亮，纵坐标表示像素分布，这样便可以揭示照片中每一亮度级别下像素出现的数量，根据由这些数值所绘制出的图像形态，就可以初步判断出照片的曝光情况。

现在大多数数码单反相机都具有直方图显示功能，我们在拍摄时可以通过观察直方图的形状和具体分布来掌握所拍摄照片的曝光准确度；在后期过程之中，直方图还可以作为一种修饰照片的工具，帮助我们更好地修片。

另外，直方图除了可以表现一张照片的明暗关系外，还可以展现一张照片中红、绿、蓝三色的直方图关系。

照片整体亮部区域较多时，直方图右侧亮部区域像素明显较多，左侧暗部区域像素则会很少

照片较暗且暗部区域较多时，直方图左侧暗部区域像素明显较多，右侧亮部区域像素则会很少

照片整体明暗差别不明显且分布均匀时，直方图左侧暗部区域与右侧亮部区域像素量差别不是很大

照片整体明暗差别不大，但是照片亮部较少时，直方图右侧的亮部区域像素便会很少

1.7.4 根据直方图纠正曝光

在摄影创作中，没有人敢说一次拍摄就能得到自己想要的画面效果，尤其是刚刚接触摄影的朋友，总会拍摄到曝光不准确的画面。其实，在拍摄完一幅照片后，我们不光可以通过观察直方图得到详细的曝光情况，还可以根据直方图来纠正曝光，得到想要的曝光效果。

根据直方图纠正画面曝光的方法通常有两种。

第一种是通过后期纠正画面曝光。很多朋友都遇到过这种情况，当我们把照片传到电脑中时，才发现画面不是我们想要的曝光效果，此时我们可以将照片导入后期软件中，比如Camera RAW，通过后期软件中显示的直方图情况来调整画面中的亮暗分布。

将照片导入后期软件中，观察右侧的直方图，会发现直方图中大量曲线都位于左侧，这就代表着画面亮度过低，所得到的画面曝光不足

可以通过后期软件中的曲线功能调整直方图的亮暗分布，更改画面的曝光状态，使画面更加明亮

200mm f/6.3 1/1000s ISO 100

通过后期软件调整直方图的形态后，画面更加明亮，画面效果也更吸引人

第二种是拍摄完一张照片后，直接在相机中观察直方图，查看画面中的亮暗分布，如果画面偏亮或是偏暗，我们可以通过调整曝光补偿或是改变快门速度、感光度等方式改变直方图中的亮暗分布，以得到想要的画面效果。

得到一张曝光不理想的照片

通过在相机上观察直方图，可以看出直方图左侧区域有一段空白区，画面曝光过度

通过调整快门速度、感光度等方式重新拍摄，改变直方图形态，得到想要的画面效果

105mm f/5.6 200s ISO 100

在拍摄花卉时，通过直方图纠正曝光后，得到曝光效果更加理想的画面

1.7.5 利用灰卡法进行测光

在拍摄练习时，有很多初学者常常会纠结于该对画面的何处测光，尤其是在拍摄一些光线比较复杂的场景时，更是拿捏不定。如果遇到这样的情况，我们可以利用灰卡法来测光，也就是对着有18%灰色的卡进行测光，然后再拍摄想要的画面。

为什么要对18%灰卡测光呢？因为相机的测光系统一般都是以18%灰板的灰色作为基准值的，如果拍摄环境光线比较复杂，我们不知该对何处测光，便可以找一个有18%灰色的灰板进行测光，之后锁定测光后再重新取景拍摄，这样会得到一个准确的曝光，避免画面曝光过度或曝光不足。

需要注意的是，使用灰卡法拍摄时，我们要让灰卡与拍摄对象受光情况一致，并且缩小取景范围，仅对灰卡测光即可。另外，如果生活中找不到18%灰卡，我们可以从网上购买专业的18%灰卡。

使用灰卡法时，要使用相机的曝光锁来锁定测光

18% 灰卡

80mm f/4 180s ISO 400

在光线复杂的环境下拍摄人像时，我们可以通过对18%灰卡测光的方式得到曝光准确的照片

第2章

最方便快捷的调节曝光方法——曝光补偿

我们在拍摄照片的时候，由于现场环境光线的千变万化，拍摄过程中我们需要随时调整曝光。数码单反相机有一个功能，可以让我们非常方便快捷地调整曝光，这就是曝光补偿功能。

本章，我们便着重从概念、工作原理以及常用的操作方法着手，介绍一下曝光补偿功能。

2.1 什么叫曝光补偿

曝光补偿是一种控制曝光的方式，单位用“EV”表示。

曝光补偿并不是一种所有拍摄模式下都可以调节的曝光控制方式。一般来说，在使用程序自动模式、光圈优先模式以及快门优先模式时，可以通过调节曝光补偿量来控制照片的曝光。然而，在使用手动模式时，曝光补偿无法调节。

实际拍摄时，遇到光线较暗的环境，若是想要照片更加明亮一些，我们可以增加曝光补偿；反之，则需要减少曝光补偿。

为探究曝光补偿是怎么控制曝光的，我们分别选用光圈优先模式和快门优先模式，并在相应拍摄模式下调节曝光补偿，观察曝光三要素变化，从而确定曝光补偿如何影响曝光。

1.光圈优先模式

在使用光圈优先模式拍摄时，将光圈值与感光度值设置为固定不变，我们分别拍摄-1EV、0EV、+1EV曝光补偿的同一场景照片，观察其参数变化，会发现我们增加或者减少曝光补偿的同时，曝光三要素中的快门速度发生了变化，曝光补偿增加，快门速度变慢，照片也随之变得更亮了。

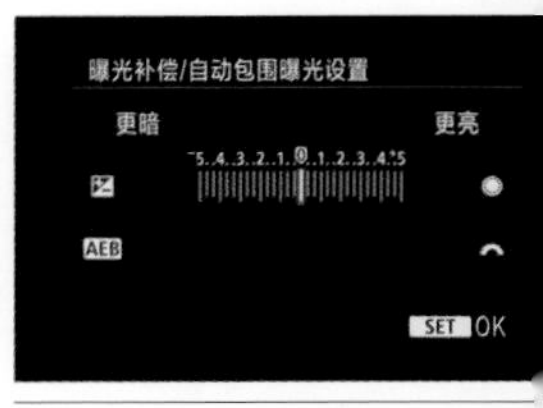

佳能相机曝光补偿设置菜单

尼康相机曝光补偿设置界面

f/2.8 1/1000s ISO 4000

曝光补偿为：-1EV

f/2.8 1/500s ISO 4000

曝光补偿为：0EV

f/2.8 1/250s ISO 4000

曝光补偿为：+1EV

2.快门优先模式

在使用快门优先模式拍摄时，将快门速度与感光度值设置为固定不变，我们分别拍摄-1EV、0EV、+1EV曝光补偿的同一场景照片，观察其参数变化，会发现我们增加或者减少曝光补偿的同时，曝光三要素中的光圈也发生了变化，曝光补偿增加，光圈增加，照片也随之变亮了许多。

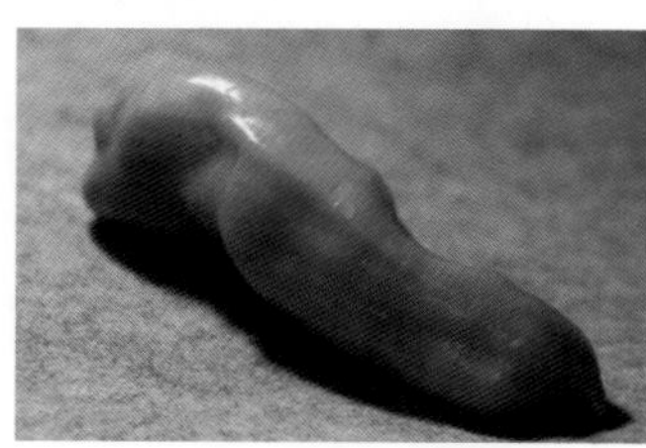
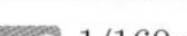

f/6.3 1/160s ISO 4000

曝光补偿为：-1EV

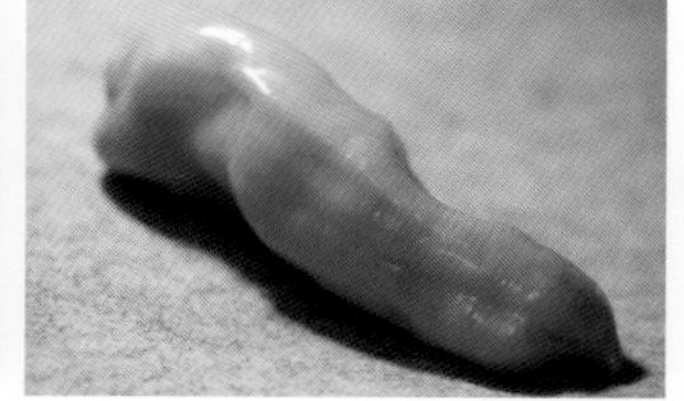

f/4.5 1/160s ISO 4000

曝光补偿为：0EV

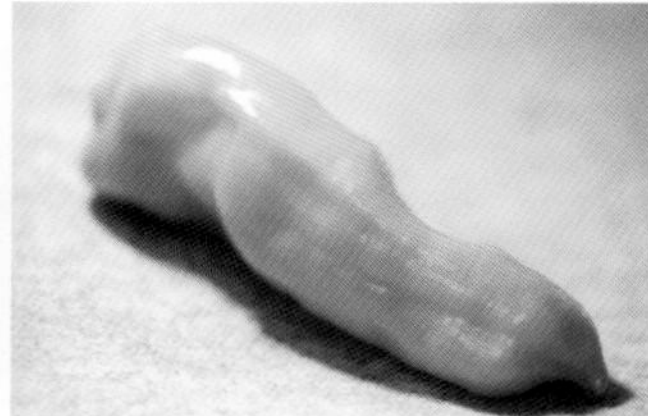

f/3.2 1/160s ISO 4000

曝光补偿为：+1EV

从以上对比照片可以看出，增加或者减少曝光补偿，相当于我们要获得更亮或者更暗效果的照片，为了达到这一效果，相机会随之改变曝光参数。这也就是说，曝光补偿并不是新的影响曝光的要素，它只不过是我们给相机的一个更亮或者更暗的指令，相机再通过这一指令调整影响曝光的参数。

2.2 一般什么情况下需要使用曝光补偿

通常境况下，我们使用相机测光模式测光拍摄，多少都会出现一些曝光不太满意的照片，这时候我们便需要适当调节曝光补偿来控制曝光了。

1.使用相机的测光模式拍摄，出现曝光不足或者曝光过度的时候

我们借助相机测光系统测光拍摄时，若是出现曝光不足或者曝光过度的情况，便可以通过调节曝光补偿来纠正拍摄中出现的曝光偏差。

下面为出现曝光不足的画面时，利用增加曝光补偿的方式调节曝光偏差。

f/5.6 1/2000s ISO 200

曝光补偿为：0EV

佳能相机增加1EV曝光补偿的设置菜单

f/5.6 1/2000s ISO 200

曝光补偿为：+1EV

尼康相机增加1EV曝光补偿的设置菜单

下面为出现曝光过度的画面时，利用减少曝光补偿的方式调节曝光偏差。

f/5.6 1/60s ISO 200

曝光补偿为：0EV

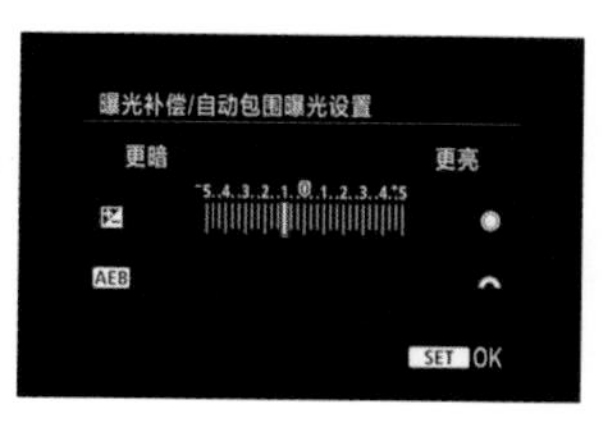

佳能相机减少1EV曝光补偿的设置菜单

f/5.6 1/60s ISO 200

曝光补偿为：-1EV

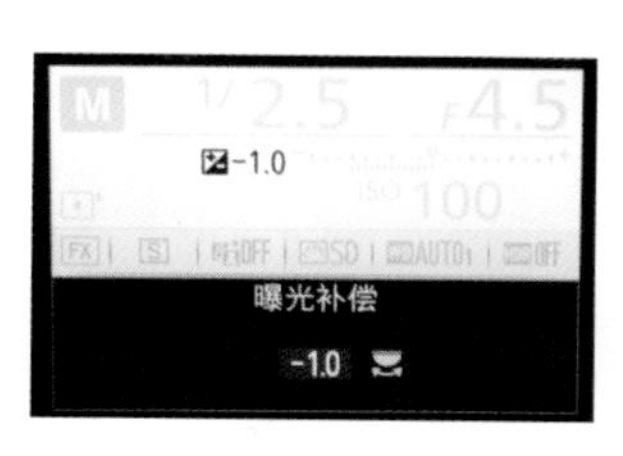

尼康相机减少1EV曝光补偿的设置菜单

2. “白加黑减”法则

所谓“白加”，简单来说，就是遇到大面积白色时，需要增加曝光补偿，这样才可以使画面中的白色更加洁白，不会显得发灰，比如拍摄白色的雪景或者高调作品；“黑减”恰恰与之相反，我们在遇到拍摄黑色物体或者暗色占画面较大比例的场景时，需要减少曝光补偿，从而使画面中的黑色更为真实，不会发生泛白的色彩失真，比如拍摄黑色背景的照片、黑色主体的照片等。

下面是在拍摄雪景时，可以通过增加曝光补偿的方式使画面中的雪更加洁白。

f/4.5 1/1000s ISO 320

曝光补偿为：0EV

佳能相机增加1EV曝光补偿的设置菜单

f/4.5 1/1000s ISO 320

曝光补偿为：+1EV

尼康相机增加1EV曝光补偿的设置菜单

下面是拍摄黑色背景的花卉照片时，可以通过减少曝光补偿压暗花卉背景，使画面的明暗对比更加强烈。

f/4.5 1/250s ISO 200

曝光补偿为：0EV

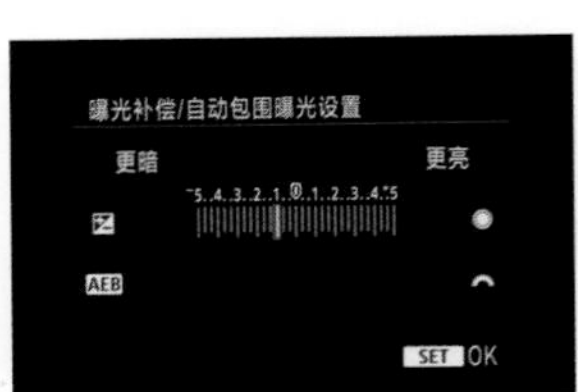

佳能相机减少1EV曝光补偿的设置菜单

f/4.5 1/250s ISO 200

曝光补偿为：-1EV

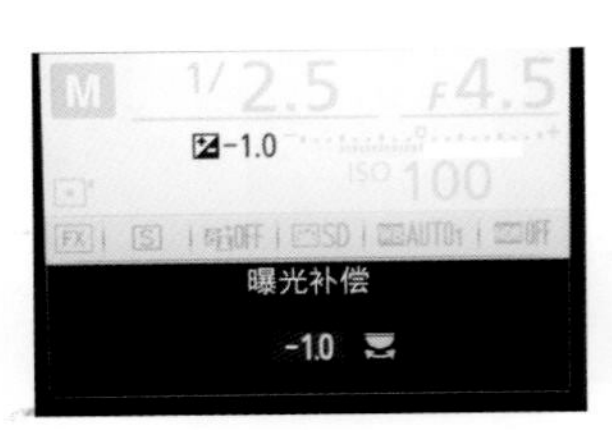

尼康相机减少1EV曝光补偿的设置菜单

3. 刻意追求某种效果时

刻意追求某种效果时，可以根据需要调整曝光补偿。比如拍摄剪影时，可以通过减少曝光补偿的方式让剪影效果更加明显。

下面是在拍摄剪影画面时，通过减少曝光补偿使剪影效果更加明显。

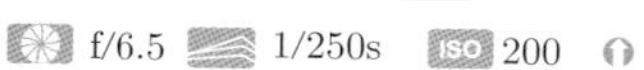

曝光补偿为：0EV

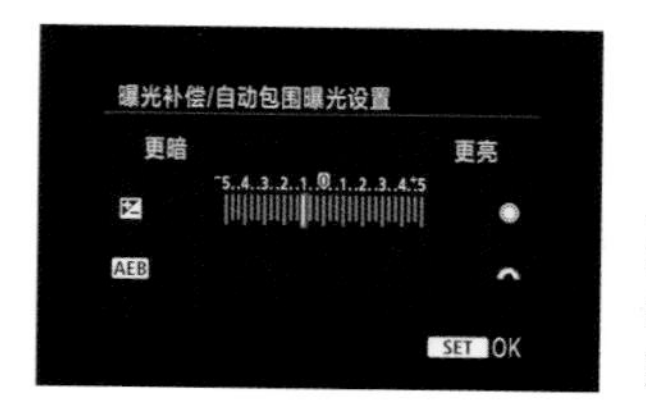

佳能相机减少1EV曝光补偿的设置菜单

曝光补偿为：-1EV

尼康相机减少1EV曝光补偿的设置菜单

在拍摄剪影画面时，通过减少曝光补偿可以得到迷人的剪影效果

2.3 佳能相机如何操作曝光补偿

佳能相机有多种曝光补偿调节方法，我们这里只介绍最为简单、直接的方法，即利用相机机身快捷按钮进行调节。

需要注意的是，佳能相机曝光补偿快捷设置方法，入门级相机与中高端级相机的设置方法略有不同。不过，入门级相机中，EOS 760D相机曝光补偿设置方法与中高端相机相同。

接下来，我们分别就入门级和中高端级相机曝光补偿设置方法做简单介绍。

1. 佳能入门级数码单反相机

佳能入门级相机包括EOS 1200D、EOS 600D、EOS 650D、EOS 700D、EOS 750D等，我们在使用这些相机拍摄时，若是想要调节曝光补偿，可以先按下机身处的曝光补偿按钮，再通过调节左右方向键来调节曝光补偿。

入门级相机机身处曝光补偿按钮

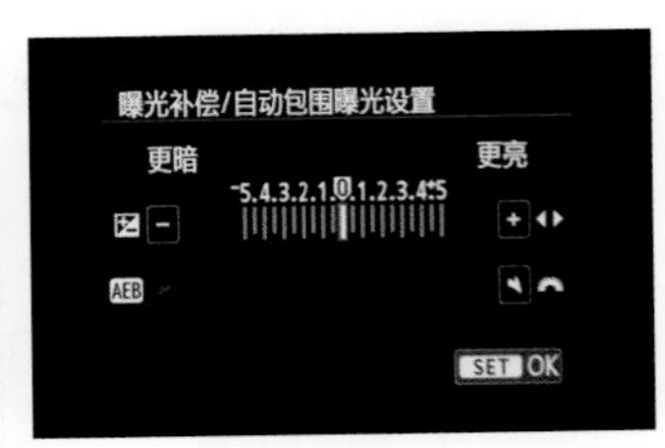

按下曝光补偿按钮，利用左右键便可以增加或者减少曝光补偿

相机机身处的左右键

2. 佳能中高端数码单反相机

佳能中高端相机包括EOS 70D、EOS 5D系列、EOS 6D系列、EOS 7D系列以及EOS 1D系列等，我们在使用这些相机拍摄时，在曝光补偿起作用的拍摄模式下，若是想要调节曝光补偿，我们只需要在相机测光过程中转动速控转盘，便可以轻松完成曝光补偿设置。

中高端相机机身上的速控转盘

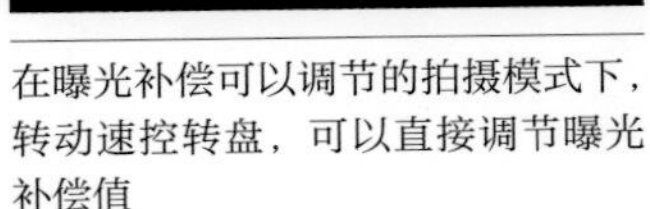

在曝光补偿可以调节的拍摄模式下，转动速控转盘，可以直接调节曝光补偿值

2.4 尼康相机如何操作曝光补偿

与佳能相机相比，在曝光补偿设置方面，尼康相机还算是比较统一的，无论是入门级相机，还是中高端相机，曝光补偿设置方法基本上没有什么区别。当然，硬要说出区别的话，曝光补偿按钮的位置略有不同。

就目前在售的尼康相机来看，其曝光补偿按钮一般都放在机身顶部右侧位置，我们可以通过此按钮和主指令拨盘来快捷调节曝光补偿值。

使用尼康相机时，在可以调节曝光补偿的拍摄模式下，若是想要调节曝光补偿，我们可以按住机身顶部的曝光补偿按钮，并转动机身背面的主指令拨盘，这样便可以调节相机的曝光补偿值了。

尼康相机机身顶部的曝光补偿按钮

尼康相机背面的主指令拨盘

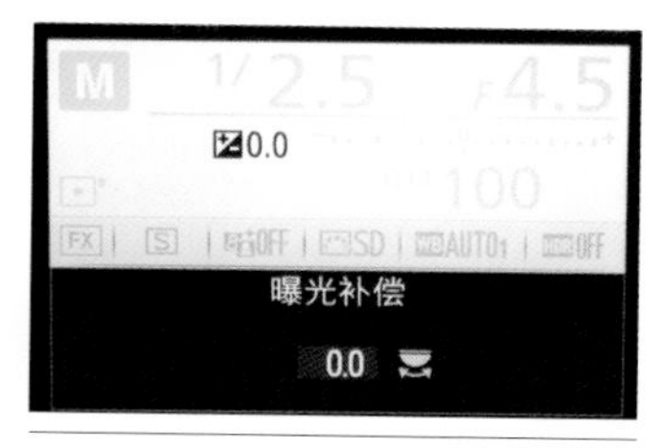

按下或者按住曝光补偿按钮，液晶显示屏中出现曝光补偿设置界面，转动主指令拨盘可以调整曝光补偿数值

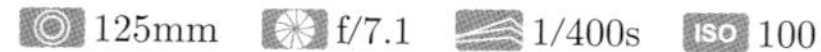

通过相机快捷按钮，可以更加方便快捷地调整曝光补偿

第3章 认识光线

光线是构成一幅照片最基本的要素之一，对画面的最终效果有着举足轻重的作用，甚至可以说摄影就是在与光线打交道。在实际拍摄时，受不同光线环境的影响，呈现出的画面也会有截然不同的效果，不同的光线也都具有自己独特的性质。了解这些光线知识，对于我们今后的创作非常有帮助。下面我们就认识一下摄影中的光线。

3.1 什么是光

有了光，我们才可以看见这个五彩斑斓的世界，也正是因为有了光，我们才能够进行摄影创作。在科学界，光被定义为一种可见的电磁波，并且可以在真空、水、空气等透明物质中传播。当然，像水源一样，光也是需要“光源”的，光源发出光后，经过各种物体的反射或折射，进入我们的眼中，被我们的大脑所感知，于是我们便可以分辨各种物质的形态和色彩信息了。

18mm
f/8
1/600s
ISO 100

在太阳光的照耀下，我们可以观看到无比绚丽多彩的自然世界

在我们人类社会，能够产生光的光源有两种，一种是自然光，也就是太阳，我们在白天的一切活动都要依靠太阳光的照明才能正常进行；另一种就是人造光源。随着人类科技水平的不断进步和生活质量的不断提高，人造光源已经成为了我们生活中不可缺少的照明条件。在漆黑的夜晚，人造光源可以代替太阳，为我们人类的夜间活动提供光照条件。

24mm
f/8
1/200s
ISO 400

科技发达的今天，人造光源为我们的夜间生活提供了必要的保障，同时也使夜晚的城市更有魅力

3.2 光在摄影中的作用

摄影创作离不开光，一幅优秀的摄影作品除了要有好的主题和构图之外，还要有一个精彩的光影效果。同样的景物，在不同的光线环境下拍摄，会呈现出不同的画面效果。如果光线运用得当，便会是一幅不错的作品；如果运用得不好，可能会失去画面应有的吸引力。了解光线的一些特性，对我们进行摄影创作是很有帮助的。

3.2.1 光的聚散

在摄影创作中，我们可以充分利用直射光和散射光。

这主要是与我们拍摄时的天气情况有关，如果天气晴朗，万里无云，室外的光线便是直射光，此时的光线会沿直线照射在主体上，并且会使主体在画面中留下清晰的阴影区域，而且光线越强，阴影就越明显。当我们想表现主体的立体感时，就可以通过直射光来呈现。

如果天气是多云、阴天，室外的光线便是散射光。此时，太阳光经过云彩的遮挡，已经形成漫散射光，这种光线没有明确的方向性，也不会使主体产生明显的阴影效果，主体受光也就比较均匀。如果想要展现主体更多的细节特征，可以在散射光环境中拍摄。

120mm
f/7.1
1/300s
ISO 100

晴天的太阳光沿直线照射在沙丘上，使沙丘背光区域形成阴影效果，与受光区域形成明暗对比，画面空间感很强

55mm
f/4
1/600s
ISO 100

在阴天拍摄美女人像是非常不错的选择，这时的光线非常柔和，人物皮肤等细节会表现得很细腻

3.2.2 光的强度

光线强度就是指光线照在物体上后物体所呈现出来的亮度，我们也可以称其为照度，它是曝光的重要依据。在生活中，我们最常见到的光线强度变化就是阳光的强度变化，早晨太阳高度比较低，距离我们较远，所以光线强度会低一些；而中午时分，太阳在我们头顶，光线强度很高。

通常，我们会选择光线充足的环境进行拍摄，此时光的强度比较高，物体显得更加明亮，其表面的细节、纹路以及形态都会表现得更加明显。当光线强度比较低时，我们可以拍摄画面低沉的效果，营造出特殊的意境。需要注意的是，微弱的光线会影响相机的快门速度，所以在弱光环境下拍摄，我们应该保证相机拍摄时的稳定，以保证画面质量。

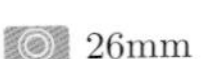
26mm

f/8
1/300s
ISO 100

阴天环境中拍摄建筑，太阳光线的照射强度比较低，画面显得柔和、沉稳

26mm f/7.1 1/600s ISO 100

在空气通透的晴天里拍摄建筑，太阳光线的照射强度很高，呈现出一种明亮、大气的画面感

3.2.3 光的软硬

在摄影中，我们还会将光分为硬光和柔光。

硬光是指能够使主体产生明显阴影效果的光线。硬光的方向性很强，我们透过物体上的光照情况，可以很容易地分析出光线的投射方向。这种硬光环境在我们平时生活中是很常见的，比如晴天时太阳直射的光线就是硬光，闪光灯直接照射出的光线也是硬光。这些光线会使主体产生鲜明的明暗反差，可以将主体呈现得更为立体。

柔光的性质与硬光恰恰相反，柔光的方向性不强，给人的感觉像是从四周所有角度照射在物体上，使其没有阴影或者产生的阴影很浅，主体边缘很模糊。在我们生活中，阴天时的散射光就是柔光，傍晚黄昏时的光线也是柔光，我们使用的柔光灯、柔光箱所产生的光线也是柔光。柔光拍摄的画面明暗过渡区域不是很明显，画面会给人以细腻柔和的感觉。

16mm
f/7.1
1/600s
ISO 100

晴天环境下，阳光直射在万里长城上，硬光使长城产生阴影，我们可以分析出光线照射过来的位置，画面整体给人很通透、明快、硬朗的感觉

30mm f/8 1/320s ISO 100

拍摄阴天雾中的长城，由于光线非常柔和，因此长城并没有产生明显的阴影，长城在雾中若隐若现，显得非常神秘

3.2.4 光位

在拍摄环境中，不仅有光线的软硬影响着画面效果，光线照射主体的方向也会对画面效果产生影响。这种光线照射主体的方向我们称之为光位，即光源相对于相机和被摄主体的位置。通常我们可以将光位分为顺光、侧光、逆光、侧逆光、顶光、底光等。不同的光位也会有不同的特性，即使是在拍摄相同的物体，在不同光位下所得到的画面效果也是不同的。在实际拍摄时，我们可以根据自己的拍摄意图和客观环境，充分利用不同光位产生的效果来完成摄影创作。

80mm
f/5.6
1/200s
ISO 100

在沙漠中，利用侧光拍摄行进中的骆驼队伍，使骆驼和人的影子倒映在沙漠上，画面很生动，产生的明暗对比也增添了照片的吸引力

70mm f/5.6 1/200s ISO 100

利用逆光拍摄，将石桥和树木以剪影的方式呈现在画面中，石桥和树木的形态可以得到突出体现，同时太阳与石桥剪影形成的明暗对比也使画面很有意境

3.2.5 光比

所谓光比，就是指被摄主体的受光面与背光面的亮暗比值，不同的亮暗比值会使画面产生不同的视觉效果。光比也是摄影创作时的重要参数之一，根据拍摄时的光线条件，利用大光比还是小光比呈现画面，决定了一幅画面的最终成像效果和主题氛围。光比大的画面亮暗反差也大，会给人硬朗、明快的感觉，光比小的画面会给人柔和平淡的感觉，所以能够合理地控制光比，是达到理想拍摄效果的关键。

在硬光环境中，我们可以借助强烈的直射光线拍摄大光比的照片，因为硬光很容易得到明暗反差大的画面。而在柔光环境中，最适合拍摄小光比的画面，因为在柔光环境下，物体受光非常均匀，不会产生明显的亮暗变化，给人非常柔和的感觉。

利用大光比拍摄玉兰花，处在亮处的花朵正常曝光的同时，位于暗部的背景呈现黑色，可以简洁画面，让主体更突出

 180mm  f/5.6  1/200s ISO 100

雪山的山峰被一缕阳光照亮，与背光面形成了非常鲜明的明暗对比，让作品的视觉感受更加强烈

3.2.6 色温和白平衡

我们可以将色温理解为用温度来度量光的颜色，色温的单位是“开尔文”，英文缩写为“K”。当我们把某个绝对的黑体进行加热时，黑体发出的光的颜色会因为温度的升高而变化，而黑体变化的某种颜色会与某个光源所发出的颜色相同。此时我们查看黑体加热的温度，该温度就可以说是与它相同颜色的光的温度，也就是色温。色温越高，光的颜色越偏蓝；色温越低，光的颜色越偏红。通常，中午太阳光照射下的色温为5600K，荧光灯环境下为3000K；钨丝灯环境下为2760K～2900K，蓝天环境下为12000K～18000K。

24mm f/8 1/200s ISO 100

大雪过后的清晨，因为色温偏高，所以整体画面为蓝色调，给人寒冷、寂静的感觉

80mm f/5.6 1/500s ISO 200

太阳下山前的色温比较低，使画面呈现出一种偏红的色调，给人一种很热烈、温暖的感觉

因为光照环境不同，在一天中的每个时段色温都有变化，而相同的景物在不同色温中会出现不同的色彩偏差。我们人眼在观察不同颜色的景物时可以自动调节这种色彩偏差，但数码单反相机没有那么灵敏，它对颜色的识别只能以白色作为参照，所以当数码单反相机一旦确定某种颜色为白色时，就会影响到其他色彩的偏差。因此，在数码单反相机中，针对不同的场景环境，预设了不同的白平衡，以保证画面色彩的准确性，比如数码单反相机中最常见的阴天白平衡、钨丝灯白平衡、荧光灯白平衡、日光白平衡等。

利用数码单反相机中的白色荧光灯白平衡拍摄的画面效果

利用数码单反相机中的日光白平衡拍摄的画面效果

3.3 自然光线的优点和适合的拍摄题材

在大自然中，太阳是唯一可靠的自然光源，我们通常说的自然光线也都是太阳发出的。在进行拍摄创作时，自然光线有很多优点是其他光线类型无法比拟的。

首先，在晴天时，直射的太阳光会使景物产生很好的阴影效果，使主体表现得更为立体，随着太阳东升西落的自然规律，还会使景物处在不同的光位环境里。另外，在不同的时间段，太阳发出的自然光线还会有不同的色温变化，这样也会使我们得到不同色温的画面效果。而随着晴天和阴天转变，光线还会有软硬的变化，让景物在画面中可以呈现更加丰富的效果。自然光还有一个优点是其他光线不能给予的，自然光线更符合我们人眼观察的习惯，使画面看起来更加自然，可以拉近作品与观赏者的距离。

在实际拍摄时，有很多拍摄题材都适合在自然光线下拍摄，比如风光题材、人像题材、花卉题材、动物题材等。在自然光环境下，这些不同的主体可以以一种自然、唯美、壮观的形态呈现。

24mm f/20 5s ISO 100

在自然光线下拍摄的风光，画面展现得很壮观

35mm f/2.8 1/900s ISO 200

在自然光线下拍摄人像，画面清新自然

35mm f/7.1 1/600s ISO 100

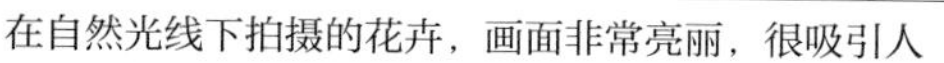

在自然光线下拍摄的花卉，画面非常亮丽，很吸引人

120mm  f/6.5  1/1200s  100

在自然光线下拍摄的狗狗，画面显得自然生动

3.4 人造光线的优点和适合的拍摄题材

人造光，顾名思义就是人为制造出的光，并不是由太阳发散出来的光线，人造光又可以分为影室光和环境光。影室光是指那些在专业的影棚中专门为了拍摄而准备的灯光，比如影室灯、闪光灯的灯光等；而像夜晚的霓虹灯灯光、城市建筑的灯光、酒吧咖啡厅的灯光则属于环境光。影室光和环境光都有着各自的优点和适合拍摄的题材。

3.4.1 影室光的优点和适合的拍摄题材

首先，影室光最大的特点就是可控性，我们可以人为地调整影室光的照射强度，使主体产生不同的光照效果；还可以变换影室光的照射方向，让主体处在不同的光位环境中。另外，影室光不会受到时间的限制，可以做到即使即用，不像自然光线需要在太阳落山前完成拍摄。影室光还可以起到很好的造型作用，通过调整光线的强度以及照射的位置，使主体产生明显的阴影区域，让主体的形态表现得更加立体。

在实际拍摄时，有很多拍摄题材都适合在影室光中拍摄，比如美女人像、儿童写真、静物商品等。

100mm f/5.6 1/160s ISO 200

在影室光的环境中拍摄手表，可以将手表的质感、设计细节等特征很好地体现出来

100mm f/5.6 1/200s ISO 100

在影室光的照射下，金属首饰的造型很精致，同时也表现出一种高贵、典雅、干净的画面效果

85mm f/5.6 1/400s ISO 100

在影棚中拍摄美女人像，影室光可以使模特五官展现得很有立体感

85mm f/2.8 1/500s ISO 200

在为宝宝拍百天照时，影室光可以将宝宝可爱的动作和表情充分地表现出来

3.4.2 环境光的优点和适合的拍摄题材

环境光与影室光不同，环境光是指环境中有灯，但不是为了拍摄而设置的，这些灯也不能人为地去调整。环境光的光线一般都比较昏暗，亮度不高，色温也偏低，会给画面带来暖色调的气氛，比如咖啡厅里的光线、酒吧里的光线、夜晚路灯的光线等。

环境光最突出的优点是营造画面氛围，我们可以借助环境光的这一特点将想要表现的主体放在环境光中拍摄。比如拍摄人像时，可以让人物坐在光线很温暖的咖啡厅中，这样可以使人物表现出浪漫、文艺的一面。除了可以利用环境光拍摄人物外，我们还可以利用环境光拍摄静物题材、人文题材等。需要注意的是，有很多环境光中的光照都非常弱，所以我们需要利用三脚架等措施保持相机的稳定，避免相机抖动造成画面模糊。

50mm f/2.8 1/200s ISO 200

在咖啡厅的环境光中拍摄静物题材，可以得到非常文艺的画面效果

50mm f/4 1/80s ISO 600

在烛光的照射下拍摄庆祝生日的人群，温暖的色调让画面显得温馨浪漫

120mm f/4 1/200s ISO 600

在酒吧的霓虹灯照射下拍摄表演者，气氛非常浓厚，画面很唯美

50mm f/2.8 1/500s ISO 400

在室内灯光的照射下，画面呈现一种暖色调，非常温馨可爱

第4章

曝光的艺术

摄影不光是真实记录现实中的场景，使用一些特殊的曝光、用光手段，还可以将现实中的场景抽象化、艺术化，这也就是我们所说的曝光的艺术。

本章，我们主要从曝光三要素对画面效果的控制和影响着手，简单了解一下如何控制曝光以获得具有艺术效果的摄影作品。

4.1 高速快门凝固动态瞬间

通常，我们会将较快的快门速度称之为高速快门，其特点是曝光时间极短，可以很快速地拍摄运动题材的场景，当快门速度足够快时，甚至可以将高速运动的瞬间定格拍摄下来。

4.1.1 拍摄运动物体

高速快门，顾名思义，就是快门速度较快，曝光时间很短的快门速度。

在实际拍摄中，我们多会选择高速快门拍摄那些运动的物体，借助高速快门的高速，捕捉到这些运动物体运动的精彩瞬间。

在高速快门的影响下，一些动态瞬间可以凝固在画面之中，给人一种惯性、时间都停止的错觉。尤其是一些运动剧烈的场景，会给我们下一秒运动主体就会掉下来的感觉。

400mm  f/5.6 1/1000s ISO 800

在野外拍摄运动较为剧烈的动物时，使用高速快门，可以拍摄到动物腾起的瞬间

120mm  f/5.6  1/800s ISO 800

拍摄奔跑的儿童，高速快门可以很好地表现他们奔跑玩闹的瞬间

300mm  f/4  1/1250s ISO 800

拍摄运动、体育项目时，我们多会使用高速快门凝固动态精彩瞬间

4.1.2 拍摄飞溅的水花

除了拍摄运动物体外，我们常常还会使用高速快门拍摄飞溅的水景。

飞溅的水花处于高速运动状态，使用足够快的快门速度，我们可以将飞溅的水花凝固在画面之中，同样给人时间停止的感觉，尤其在拍摄一些巨浪或者瀑布时，画面视觉冲击力更大。

120mm f/4 1/800s ISO 400

拍摄瀑布时，使用高速快门可以表现出水花奔泻而下的精彩瞬间

300mm f/8 1/800s ISO 640

在拍摄卷起的浪花时，我们可以使用高速快门定格浪花卷起的精彩瞬间

100mm f/5.6 1/1000s ISO 800

使用高速快门进行拍摄时，可以很好地拍摄到水花撞击岩石溅起的精彩瞬间

4.1.3 使用相机的连拍模式抓拍

在使用高速快门拍摄运动场景时，为了增加拍摄成功率，我们可以使用相机的连拍模式。

所谓连拍模式，就是指在使用该模式时，按下并按住快门按钮以后，相机会进行连续拍摄，从而拍摄出一组连续的照片出来。我们拍摄运动场景时，使用连拍模式，便可以将运动主体的运动过程记录下来，从而更大程度地拍摄到运动过程中的精彩瞬间。

使用相机的连拍模式，可以将小朋友跳水这一运动过程用一系列照片记录下来，我们可以从中选择画面效果最好的一些照片保留下来

4.2 慢速快门记录运动轨迹

除了高速快门拍摄动态瞬间以外，我们还可以使用慢速快门记录运动主体的运动轨迹。

4.2.1 慢速快门拍水流

除了使用高速快门表现水花飞溅瞬间外，我们在拍摄水景时，还可以使用慢速快门拍摄水流、水花运动轨迹，从而在画面中呈现出如丝如雾的水流效果。

具体拍摄时，为拍摄出水流如轻纱白雾般的效果，我们需要根据场景中水流速度以及环境光线的情况调节快门速度。

需要注意的是，在使用慢速快门拍摄时，因为快门速度较慢，我们需要使用三脚架稳定相机，从而确保画面中静止场景的清晰。另外，在光线较为充足的环境中，慢速快门下，照片极其容易曝光过度，因此，在拍摄时，还需要准备适合的减光镜。

24mm f/22 1/5s ISO 100

使用1/5s的快门速度拍摄浪花拍石的场景，水花溅起的轨迹得到较为完整的表现

35mm f/22 2s ISO 100

使用慢速快门拍摄瀑布，场景中的瀑布如同披在山崖间的轻纱

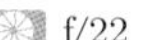 

17mm f/22 10s ISO 50

使用10s的慢速快门拍摄海面，场景中的海水如同山间云雾，虚无缥缈

4.2.2 慢速快门拍摄人流

在拍摄人流量较大的街道时，也可以使用慢速快门进行拍摄，从而获得较为精彩的动静对比效果。另外，在人流行进速度较快时，使用较慢的快门速度，照片中的人流也可以随着他们的移动，一定程度上从画面中消失。

具体拍摄时，我们需要先将相机稳定在三脚架上，根据现场光线状况，对曝光三要素进行设置。通常，现场光线较暗时，比如傍晚或者晚上拍摄时，可以将光圈与感光度调小，从而获得更慢的快门速度；当现场光线并不是很暗时，为获得更慢的快门速度，我们便需要使用减光镜来辅助拍摄了。

17mm f/5.6 1/60s ISO 100

快门速度较快时，街道上的人流较为静止且表现明显，照片也显凌乱

17mm f/32 15s ISO 100

当降低快门速度，使用较慢的快门速度拍摄时，场景中行进的人流也会随之虚化、模糊，从而使画面更为整洁

35mm f/22 10s ISO 100

使用慢速快门拍摄人流时，场景中行进的人流变得虚幻，与周围静止的建筑形成虚实对比，照片更为精彩

4.2.3 慢速快门拍摄运动

与高速快门拍摄运动场景相比，使用慢速快门拍摄运动场景，照片中的主体或者背景在慢速快门的影响下会呈现出运动轨迹，虚实结合之下，照片更具动感。

慢速快门拍摄运动题材中，较为常见的便是追随摄影了。

追随拍摄最广泛应用于各种以速度进行比赛的体育运动中，例如百米田径、溜冰和各种车类比赛，这种技法能良好地表现出画面的动感效果。在使用这种技法拍摄时，快门速度尤其重要，因为过慢的快门速度从技术上不易掌握，主体容易模糊；而太快的快门速度又会凝固画面，让画面失去动感或者动感不强，追随效果不明显，所以一般选取的快门速度为 1/15s~1/60s 。

200mm

f/5.6
1/30s
ISO 100

在拍摄运动较为明显的舞蹈时，可以在确保背景清晰的基础上减慢快门速度，从而表现舞蹈的动感，增强照片艺术感

400mm
f/8
1/30s
ISO 100

拍摄汽车赛事时，可以使用慢速快门拍摄追随效果，从而增强画面的动感

4.2.4 慢速快门拍摄夜晚车流

在拍摄夜晚的车流时，我们多会使用慢速快门进行拍摄，使用慢速快门进行拍摄，与其说是拍摄车流，不如说是拍摄车流中车灯划过的痕迹。

实际拍摄时，为获得更为精彩的夜景车流照片，我们需要注意以下几点。

（1）拍摄地点，我们多选择在天桥或者楼顶等视野开阔的地方，或者选择一些周围建筑较具特点、车流较为密集的路边。

（2）拍摄时间，拍摄夜景车流照片，最佳拍摄时间是在太阳落山后半个小时内。选择这一时间拍摄主要是因为此时天空呈现蓝色，照片色彩更显丰富。

（3）使用三脚架稳定相机，并且为相机配备快门线。

（4）需要选择那些车流较多且车流速度较快的地方，这样一来，我们便可以拍摄出更长、更密集的车流轨迹了。

80mm
f/20
15s
ISO 100

选择太阳刚刚落山的时候拍摄，照片中天空呈现出蔚蓝色，与车灯形成的车流相呼应，照片更为精彩

除了以上几点需要注意之外，我们在使用慢速快门拍摄车流时，还需要注意快门速度的使用，这也就是说，同属慢速快门，究竟要选择多长时间曝光才好呢？

我们来看一下下面的对比照片。

快门速度：1.6s

快门速度：2s

快门速度：10s

以上对比图分别为1.6s、2s、10s的快门速度时的夜景车流照片，从中我们不难发现，在车流速度相差不多的时候，曝光时间越长，车流轨迹越明显。一般当曝光时间为10s左右时，照片中的车流轨迹已经形成了较为明显、连续的车轨效果了

17mm f/22 10s ISO 100

选择10s以上的快门速度拍摄车流，照片中车灯划出的轨迹较为连续

4.3 B门随意控制

在几种拍摄模式中，B门模式算是比较特殊的一种，在使用该模式拍摄时，按住快门按钮快门开启，直到释放快门按钮时快门才会闭合，这也就意味着在B门模式时，我们可以更为灵活地控制长时间曝光时的曝光时间。

4.3.1 B门拍摄烟花或者闪电

在选用B门模式拍摄时，曝光时间可以更方便地得到控制，因此，我们可以使用该拍摄模式拍摄烟花、闪电等转瞬即逝的光源场景。

烟花或者闪电等题材的特点就是其存在时间短，尤其是闪电，转瞬即逝，它们并不像城市夜景车流那样光亮时间持续且时间较长。因此，使用B门模式拍摄，在曝光时间控制方面更为灵活。

需要注意的是，我们在使用B门模式拍摄时，需要准备三脚架和快门线，这样才可以让操作更为方便。

18mm f/14 B门 ISO 100

拍摄闪电时，使用B门拍摄模式，可以更方便地控制曝光

18mm　f/14　B门　ISO 100

在拍摄焰火时，使用B门可以大大增加拍摄成功率

4.3.2 B门拍摄趣味光绘

除了烟火、闪电拍摄使用B门模式外，我们还可以在拍摄光绘作品时使用B门模式。

所谓光绘，简单来说，就是在夜晚或者较暗的环境中，使用荧光棒等发光物体在取景范围内绘制图形，直白来说就是用光绘画。在我们进行光绘时，并不是一瞬间就可以完成，所以我们需要较长的曝光时间，又由于绘制时间的不确定性，因此，使用B门模式拍摄最好不过。

85mm
f/20
B门
ISO 100

使用B门模式拍摄光绘，可以更为精准地控制曝光时间

4.4 调整光圈

光圈除了控制曝光以外，还对画面中的清晰范围有着较为明显的影响。这里，我们来了解一下光圈对画面效果的影响。

4.4.1 光圈对景深的影响

景深在摄影中具有非常重要的地位。所谓景深，简单来说，就是指当焦距对准某一点时，该对焦点前后仍可清晰的范围，呈现在一幅照片中就是指整幅画面中清晰的部分。

当镜头焦距一定、相机机身相同、拍摄场景相同时，光圈大小直接影响着景深深度，也就是说，不同光圈下，照片清晰范围也会有很大的不同。因此，在实际拍摄中，我们可以通过调节光圈大小，从而控制照片清晰范围。在拍摄时，还需要准备适合的减光镜。

至于光圈与景深具体有什么关系，我们通过下面一组对比图来了解。

光圈：f/2.8

光圈：f/5

光圈：f/8

光圈：f/13

光圈：f/25

以上为光圈与景深关系对比图，同一场景，使用同一款相机，且焦距相同，拍摄光圈分别为f/2.8、f/5、f/8、f/13、f/25的一组照片。对比组图可以发现，光圈越大（由于光圈值是某个数的倒数，因此数值越小，所表示的光圈越大，比如f/2.5是比f/5更大的光圈）时，照片中清晰范围越小，背景虚化越明显，景深越小；光圈越小时，照片中清晰范围越大，背景虚化越弱，景深越大。

4.4.2 大光圈虚化背景

从前面的对比图可以知道，其他条件一定的情况下，光圈越大，景深越小，照片背景虚化越明显。

在实际拍摄中，我们可以依据这一原理，借助大光圈虚化背景，从而使画面更加简洁、主体更加突出。通常，为了方便拍摄，我们多会选择使用相机的光圈优先模式进行拍摄，这样既可以确保一般环境下曝光准确，又可以灵活控制照片景深范围。

70mm f/2.8 1/640s ISO 200

在拍摄树枝等植物时，我们可以借助大光圈虚化背景，以重点突出主体

120mm f/3.5 1/400s ISO 100

拍摄水果等题材作品时，借助较大的光圈，可以将背景虚化，简洁画面，突出主体

85mm f/2.8 1/500s ISO 100

拍摄美女人像时，可以借助大光圈虚化背景，从而使人物主体更为突出

4.4.3 小光圈拍摄大场景

除了大光圈虚化背景之外，我们在拍摄一些题材时，还可以借助小光圈表现更为广大的清晰场景。比如拍摄大场景风光时，为使整个场景中的景物都可以得到较为清晰的表现，我们可以使用小光圈进行拍摄。

通常，小光圈拍摄大场景，会被运用在风光、建筑等题材拍摄中。当然，在拍摄大场景人像时，也可以使用小光圈进行拍摄，从而更为清晰地表现场景细节。

100mm f/16 1/800s ISO 200

借助创意性构图拍摄水果和果汁时，使用小光圈，画面中所有的元素都可以得到很好的表现

30mm f/11 1/500s ISO 100

拍摄埃菲尔铁塔等建筑时，为了让近处和远处的景物都能清晰成像，可以使用小光圈进行拍摄

24mm f/11 1/400s ISO 100

在拍摄大场景风光时，可以使用小光圈清晰表现由近及远的景物

4.4.4 根据需要选择合适的光圈

了解了光圈与景深的关系后，还是需要将这一原理运用到实际拍摄之中。

大光圈虚化背景、小光圈拍摄大场景都是光圈与景深关系的实际运用，对于很多初学者来说，这也是最容易出效果的拍摄技巧。

但是，不可忽略的是，过多地使用以上拍摄技巧，一味追求大光圈虚化背景或者小光圈拍摄大场景，会使得我们的拍摄进入僵局，思想受到束缚，从而制约了我们的创作空间。

因此，在实际拍摄时，除了了解大光圈与小光圈的优势外，我们还需要根据最终所要获得的画面效果来选择合适的光圈。

50mm f/5.6 1/400s ISO 200

在拍摄人像时，若是想要周围环境为照片增添气氛，烘托主体，我们可以使用中等光圈，让背景中的景物稍微模糊，但还能看出大概的场景，从而增强照片的现场感

4.4.5 使用镜头的最佳光圈拍摄

就目前镜头生产技术而言，一般的镜头，其最大光圈并不是该款镜头成像最好的光圈，因此，我们引入了最佳光圈这一概念。

所谓最佳光圈是针对镜头来说的。通常，在同一款镜头的不同光圈挡位中，总有一挡光圈拍摄出的照片其画质优于其他挡位，这一挡位的光圈就称为这款镜头的最佳光圈。选用最佳光圈拍摄的照片清晰度达到最高，同时影像和色彩也能得到最高精度的还原，失真度也会很小。

由于每款镜头光圈设置的不同，最佳光圈也会有所不同。一般情况下，比最大光圈小两档时，成像基本达到最佳。比如镜头最大光圈为f/2.8，那它的最佳光圈应在f/5.6～f/11。因此在实际拍摄过程中，我们选用最佳光圈进行拍摄，可以获得最佳的图像质量。

85mm
f/5.6
1/800s
ISO 100

使用相机最佳光圈拍摄，拍摄照片中人像肤色细节都可以得到很好的表现

4.5 调整感光度

通常，光线较为充足的时候，感光度一般设置为低感光度，只有在光线不足或者需要高速快门时，我们才会对感光度进行一些调整。

4.5.1 低感光度保证画质

感光度与画质之间有着密切的联系。

通常，感光度越高，画面中的噪点也就越多，这主要是因为，感光度越高，相机感光元件便会对光线越为敏感，增加感光度，便会在对影像信号进行增幅时混入电子噪点。

因此，在光线正常的情况下，或是对快门速度没有特别要求的时候，我们一般都将相机的感光度值设置为最低，以保证得到最佳的画面质量。

 100mm  f/2.8  1/320s ISO 100

在光线充足的地方使用低感光度进行拍摄，可以得到最佳画质的照片

4.5.2 弱光环境下适当提高感光度

当然，实际拍摄中，我们常常会遇到环境光线不足的拍摄场景，若是拍摄一些静物，我们可以使用三脚架稳定相机，用慢速快门拍摄，从而保证画面质量。

但是，有时候，在弱光中拍摄一些运动或者是需要使用高速快门拍摄，且开启最大光圈也无济于事时，我们就需要通过提高感光度的方法来控制曝光了。

需要注意的是，我们在遇到这些情况时，应该仔细设置曝光的三要素，尽可能最大程度保证照片的画质完好。

100mm
f/2.8
1/100s
ISO 1600

在光线较暗的室内环境手持拍摄，为了保证一个安全的快门速度，在不影响画质的情况下，适当增加感光度，可以得到清晰稳定的照片

24mm
f/7.1
1/1000s
ISO 800

在室外拍摄水景，为了提高快门速度，凝固水花飞溅的效果，在不影响画质的情况下，可以适当增加感光度

4.5.3 使用高感光度表现颗粒感

在弱光环境下，感光度越高，画面中出现的噪点越明显。对于画质要求很高的影友来说，这无疑是一个很让人头疼的问题。

但是，换角度来说，我们在实际拍摄时，借助这一技巧，可以使用高感光度，为照片增加颗粒感，从而为画面整体增加一种独特的趣味，同时这也为照片增添了几分粗犷的年代感。

50mm
f/2.2
1/400s
ISO 1600

在拍摄一些比较有年代感的静物时，可以使用高感光度为画面增加颗粒感

4.6 剪影

拍摄剪影是较为常见的一种拍摄技巧，同时，这种方法也可以为照片营造很强的艺术气息。该类作品特点是，画面中主体没有细节，完全形成黑影效果，就如同剪下来的影子一般，这类作品在表现事物形态轮廓方面有着其独到之处。

需要注意的是，拍摄剪影作品时，我们一般都会以逆光或者侧逆光的角度进行拍摄。另外，在光线选择方面，多选择在光线较弱的黄昏时分。这一时间天空色彩绚丽，光线柔和，逆光角度拍摄并不会那么刺眼，剪影效果也会更加唯美。

拍摄剪影时，逆光角度拍摄示意图

200mm f/4 1/500s ISO 100

拍摄蹲坐在屋檐上的猫咪剪影，以厚重的云层为背景将猫咪的轮廓清晰地展现出来，画面唯美而具有艺术感

4.7 高调摄影与低调摄影

所谓高调摄影，简单来说，就是此类摄影作品画面效果高调。具体来说，画面的整体色调明亮，背景多是明亮或接近于白色，另外，画面中的主体也多是以浅色调为主。高调作品常常给人纯洁、轻快之感。

低调摄影与高调摄影恰好相反，此类作品画面一般明度较低，色彩凝重，常常给人以庄重、深沉的感觉，适合表现以黑色为基调的摄影题材。低调作品形成凝重、庄严和刚毅的感觉，但在另一种环境下，它又会给人以黑暗、阴森、恐惧、神秘之感。

在实际拍摄中，我们可以根据现场光线、主体特点以及拍摄需要，选择高调或者低调方法进行拍摄。

120mm f/3.2 1/250s ISO 100

拍摄雪景时，我们可以使用高调的方法来突出雪的洁净

50mm f/4 1/400s ISO 100

拍摄人像作品时，选择高调效果来表现，画面更加清新高雅

100mm f/5.6 1/400s ISO 100

夜晚使用低调方法拍摄树林，画面中大面积的黑，增强了作品的神秘感

4.8 包围曝光

包围曝光指的是能够以设置的曝光值为基准，连续拍摄3张等曝光差的照片，从而在时间紧迫或者光源复杂的环境中获得曝光满意的照片。另外，借助这3张不同曝光值的照片，可以通过后期合成一幅既保留暗部细节又保留高光细节的照片。

目前，数码单反相机基本上都具有包围曝光的功能。在进行分级曝光拍摄时，可以根据拍摄需要按照1/3级、2/3级、1级、2级等多种曝光级差进行包围曝光。

需要注意的是，在使用自动包围曝光拍摄时，应尽量保证相机稳定，避免因数码单反相机晃动而造成曝光场景改变。

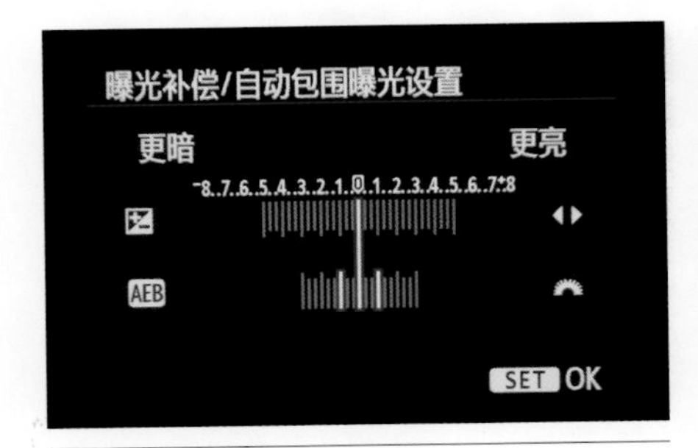

佳能相机中包围曝光设置菜单

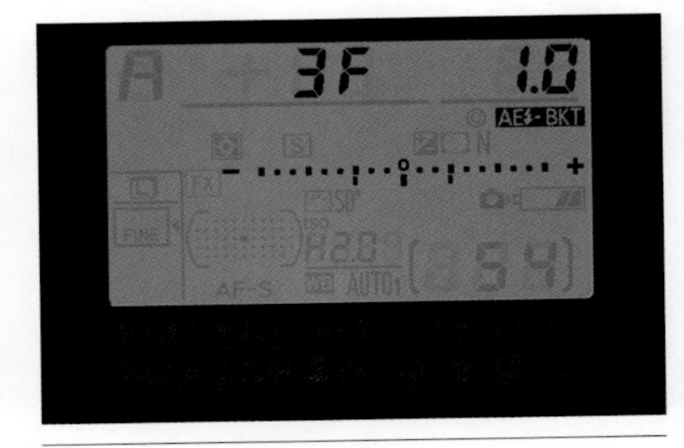

尼康相机中包围曝光设置菜单

从包围曝光设置菜单中我们可以发现，包围曝光是将原来单张一个曝光补偿变成了3个，也就是说曝光补偿与包围曝光的区别在于，当曝光补偿设置为某一值时，按下快门拍摄，相机只参考该曝光补偿值进行曝光，而且只曝光一张照片；包围曝光则是以该曝光值为基础，拍摄一组相同增量和相同减量的照片。

从这一点来看，包围曝光可以拍摄一组等曝光补偿量差的照片，从而节约光线复杂场景中的拍摄时间，避免无法确定准确曝光的问题。

将相机的包围曝光值设置为1EV时，按下快门，相机会自动记录下-1EV、0EV和+1EV3种不同增量的曝光值的照片，以便我们后期选择最合适的曝光效果

4.9 HDR

通常，我们会发现在大光比环境下拍摄，普通相机因受到动态范围的限制，不能记录极端亮或者暗的细节。为解决这一问题，我们便需要使用HDR功能了。

简单来说，HDR功能是通过拍摄3张或者5张等差曝光量的照片并在相机内对其进行合成，从而使在大光比情况拍摄所得最终照片，无论高光还是暗位，都能够获得比普通照片更佳的层次。

16mm  f/16 1/500s ISO 100

在光比比较大的环境中拍摄时，使用相机中的HDR功能，可以更多地保留环境中亮部区域与暗部区域的细节

4.10 多重曝光

多重曝光源于胶片摄影，简单来说就是在一张底片上曝光多次，通常，将曝光两次的称为二次曝光。

现在大多数数码单反相机都保留了胶片机的这一功能，我们使用多重曝光可以增加照片趣味性，创作空间也得到拓宽。不过，在使用多重曝光时，需要控制好照片曝光量以及取景，不然多次曝光下来照片要么曝光过度，要么杂乱无章没有价值。

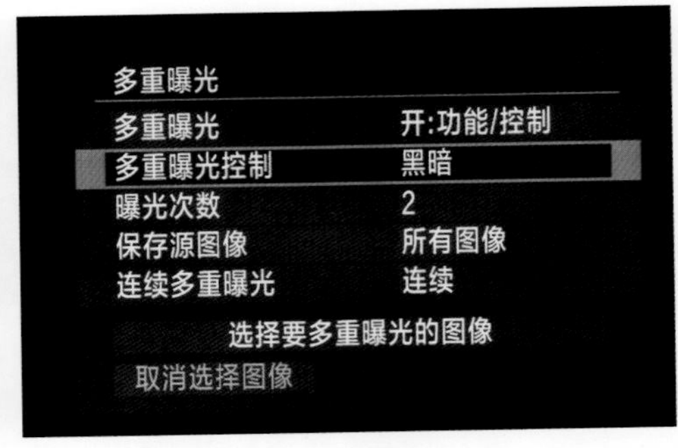

在之前的佳能EOS数码单反相机系列中，相机是不带多重曝光功能的。不过，随着影友对多重曝光的喜爱程度越来越高，以及其他原因，佳能相机在近年新出的EOS数码单反相机中也为用户提供了多重曝光功能，并且在多重曝光控制方面更进一步，为影友提供4种控制模式。比如佳能EOS 5D Mark III数码单反相机就具备这一功能，我们在使用此款相机拍摄时，只需简单几步设置，便可以拍摄多重曝光作品

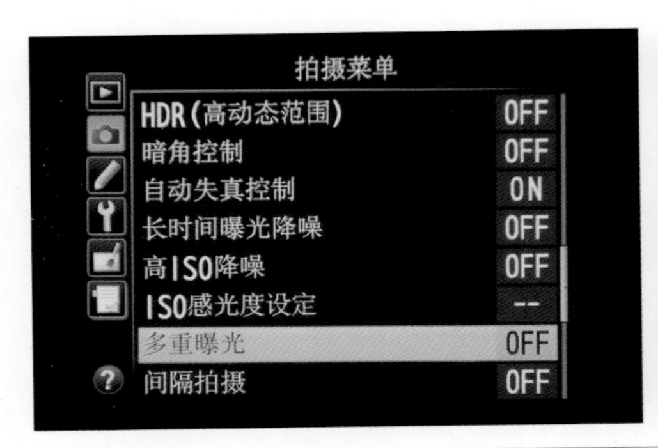

与佳能公司不同的是，尼康相机一直都保留着多重曝光这一功能，影友可以在相机拍摄菜单中直接找到多重曝光选项并对其进行设置，轻松开启多重曝光

开启多重曝光模式之后拍摄第一张照片，准确对焦拍摄

开启多重曝光模式之后拍摄第二张照片，使用手动对焦，并故意将焦点不放在花朵上，使花朵呈现虚化状态

相机自动合成为一张照片，后期可简单调整一下对比度、亮度等以达到想要的效果

第5章

不同光线在摄影中的表现

在摄影创作中，不同的光线照射主体，会获得不同的画面效果。在前面章节中我们已经认识了光，了解了光的一些性质。其实在实际拍摄时，不光是性质不同的光会产生不同的画面效果，相同的光线照射主体的位置不同，呈现出的画面效果也会有所不同。下面，我们一起来了解一下这些光线在摄影中的表现。

5.1 顺光

顺光是指光线的投射方向和拍摄方向一致的光线。在这样的光线环境下，被摄主体面向镜头的一面被照亮，受光面不会产生阴影，主体色彩以及形态等细节特征都可以得到很好的表现。

需要注意的是，顺光拍摄会使主体没有明显的明暗变化，从而缺乏层次感和立体感，使画面表现略显平淡。如果想要避免这份平淡，我们可以选择色彩艳丽的事物作为画面主体，利用顺光将主体的色彩充分地展现在画面中，以提高画面的吸引力；也可以选择色彩对比较大的画面，利用色彩间的对比关系使画面更加精彩；还可以为画面安排一些前景，来增加画面的空间感。

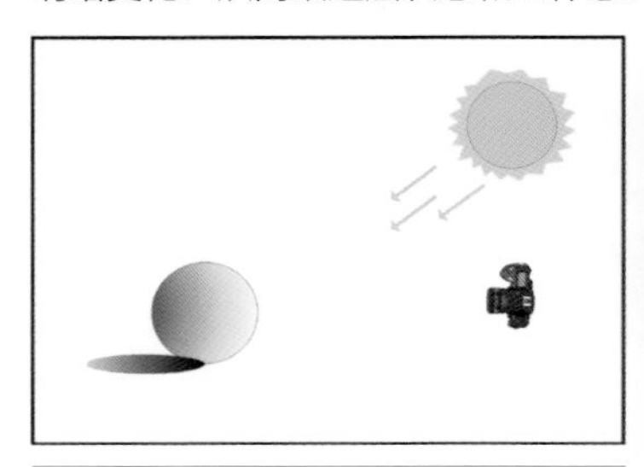

顺光示意图

120mm f/5.6 1/125s ISO 100

在顺光环境下拍摄色彩艳丽的自然风光景物，景物的颜色可以在画面中呈现得非常饱满

 180mm  f/2.8 1/800s ISO 100

拍摄花丛中采蜜的蜜蜂时，顺光环境可以将蜜蜂和花卉的形态、颜色等细节充分地表现在画面中

85mm f/2.8 1/400s ISO 100

在顺光环境下拍摄美女人像，人物面部得到清晰呈现，画面亮丽唯美

5.2 逆光

逆光是指从被摄主体的后面正对镜头照射来的光线。在逆光环境下，由于被摄主体面向我们的那一面几乎背光，因此很容易使光源区域与背光区域形成明暗反差。不过一般情况下，逆光下的主体很容易出现曝光不足，如果想要表现主体表面的颜色等细节特征，我们应避免逆光拍摄。

想要在逆光环境下拍摄出精彩的照片，我们可以利用相机对画面亮部区域测光，以此来压暗被摄主体亮度，得到被摄主体剪影的效果。虽然剪影效果不能使被摄主体的色彩等特征得到体现，但是也很具有艺术魅力。在逆光下形成的剪影效果恰恰更能将被摄主体的形态轮廓特征在画面中充分体现。另外，在拍摄美女人像时，利用反光板或者灯具对人物面部进行补光，可以获得温暖清新的逆光效果。

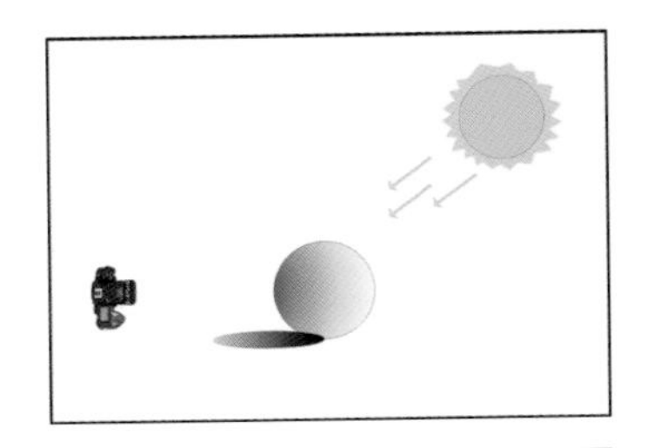

逆光示意图

120mm　f/5.6　1/125s　ISO 100

利用剪影表现海边游玩的人物，剪影效果可以让父母高大的身躯与孩子们小巧可爱的身影形成对比，以此来表现人物关系，而剪影效果本身也具有很强的艺术感

85mm f/4 1/600s ISO 100

在逆光环境下拍摄美女人像时，利用反光板对模特的脸部进行补光，可以得到这种很有意境美的梦幻效果

5.3 侧光

侧光是指来自被摄主体左侧或是右侧的光线，并且光线的照射方向与相机的拍摄方向成90°左右的角度。

利用侧光拍摄，可以使被摄主体产生鲜明的明暗对比效果，而被摄主体的受光面会展现得非常清晰，背光面则会以影子的形态出现在画面中，使画面表现得非常有质感。所以，侧光常会用于表现层次分明、具有较强立体感的画面。

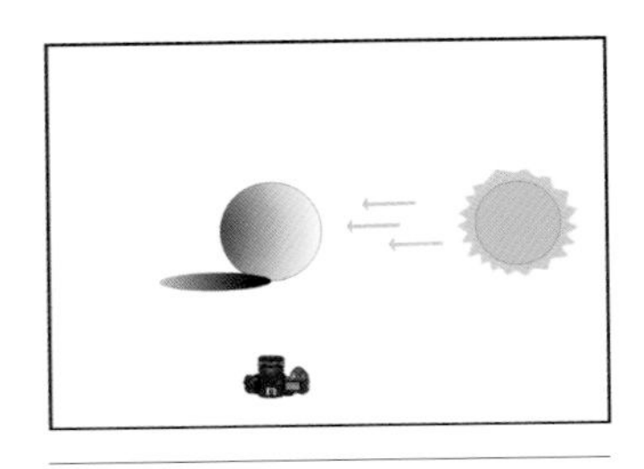

侧光示意图

另外，在拍摄人像题材时，我们可以利用侧光来表现人物的特定情绪。也可以把侧光作为一种装饰光，用来突出画面的某一局部细节。

50mm f/2.8 1/180s  ISO 200

利用侧光拍摄美女人像照片，可以形成明显的亮暗对比区域，让人物表现得很有个性，人物面部也很有立体感

100mm f/2.8 1/600s ISO 100 

利用侧光拍摄海滩上的贝壳，可以使其产生明显的阴影效果

60mm f/8 1/320s ISO 100

侧光拍摄雄伟的万里长城，背光区域呈现出的阴影部分使画面的空间立体感更加强烈

5.4 前侧光

前侧光也被称为45° 侧光，是指来自主体左侧或右侧的光线，并且光线的照射方向与相机的拍摄方向形成45° 的水平角度。

利用前侧光拍摄，可以使景物朝向镜头的一面大面积受光，而局部的背光面会产生阴影效果，这种效果比较符合我们日常生活中的视觉习惯，景物的受光面可以展现出色彩、形态等细节特征，背光面可以与受光面产生明暗反差，从而增加画面的空间立体效果，使画面不显平淡。在拍摄建筑、人像、花卉题材时，我们经常会用到这种45° 侧光。

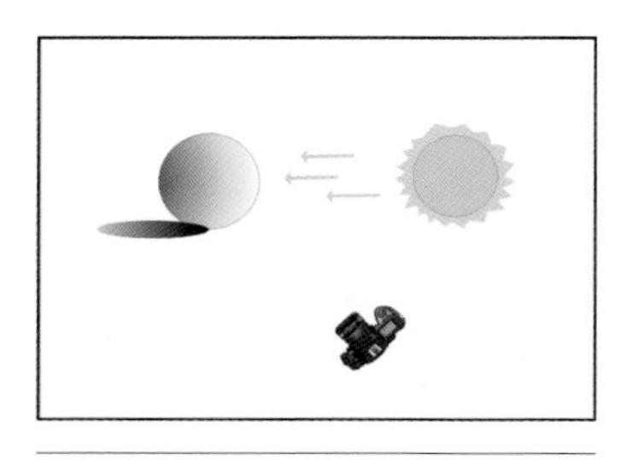

前侧光示意图

35mm f/5.6 1/800s ISO 100

利用前侧光拍摄沙滩上的孩子，可以将孩子脸上的表情很好地呈现在画面中

30mm f/8 1/600s ISO 100

前侧光照射下，景物在地面上留下的影子增加了画面的空间立体感

90mm f/8 1/500s ISO 100

在前侧光环境下拍摄天坛的祈年殿，主体大部分受光充足，色彩等细节可以得到很好的表现，阴影区域使建筑表现得更为立体

5.5 侧逆光

侧逆光和逆光类似，都是从被摄主体的背面向我们镜头射过来的光线，不过，侧逆光是与我们相机的拍摄方向形成120° ~150° 的角度，而逆光是正对镜头，这种拍摄角度上的细微调整，会使得到的画面效果有所不同。

在使用侧逆光拍摄时，被摄主体的受光面只会占一小部分，背光面占大部分，这样可以使被摄主体的轮廓在画面中得到很好的呈现，同时，由于主体有一小部分受光面，因此画面中的明暗对比差异不会像逆光剪影那样强烈，亮部区域还是可以展现出被摄主体的一些色彩等特征。

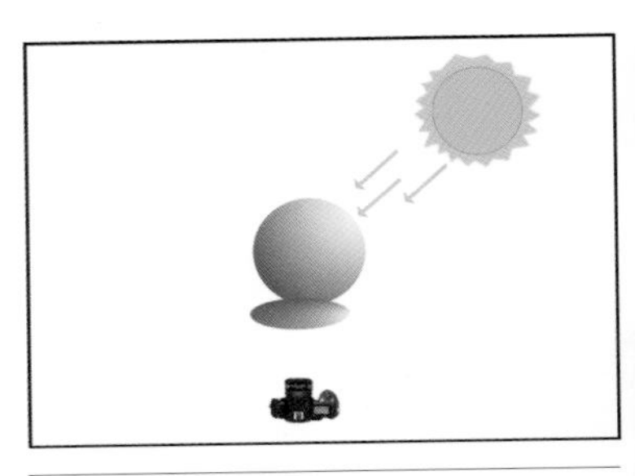

侧逆光示意图

105mm f/8 1/500s ISO 100

侧逆光使古建筑的部分区域受光，其他区域则处在背光环境中，画面表现得非常神秘，充满故事色彩

24mm f/7.1 1/600s ISO 100

侧逆光拍摄现代都市中的城市建筑，受光面的色彩非常亮丽，虽然建筑物为玻璃材料，极易反光，但画面中的明暗区域还是很明显

5.6 顶光

顶光是指从被摄主体的顶部向被摄主体照射的光线，与我们的相机维持在90° 左右的垂直角度。

在我们平时拍摄时，顶光的运用与侧光、顺光等光位的运用相比会比较少，因为这种光线在拍摄人物或者是一些建筑题材时，仅会表现被摄主体的顶部特征，而其他区域则出现在阴影中，所以我们比较少用这种光线。通常，顶光在拍摄静物题材等需要表现被摄主体顶部细节的时候使用。

在自然界中，最常见的顶光就是正午的太阳光线。此时太阳光线也是最强烈的时候，如果在这个时候拍摄人像，为了避免人物的脸部受不到光，我们可以让人物做出仰起头来的姿势，以保证人物脸部细节的体现。

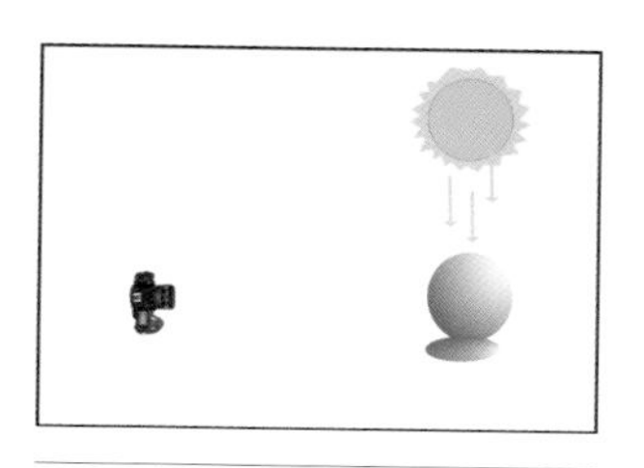

顶光示意图

85mm f/5.6 1/800s ISO 100

在太阳光为顶光时，可以让人物稍微仰起一点头，以避免人物脸部出现严重阴影

70mm f/9 1/600s ISO 100

拍摄静物时，我们可以利用顶光来呈现物品的顶部细节

5.7 脚光

脚光也可以称为底光，是指从被摄主体下方向被摄主体照射的光线。其实在一般情况下我们很少有机会看到脚光的效果，因为脚光并不像顺光、侧光、逆光等光线那样常见。脚光更多地出现在舞台剧、戏剧照明中，或是在晚会、演唱会的布光中，而广场上的地灯、低角度的反光板等也带有脚光的性质。

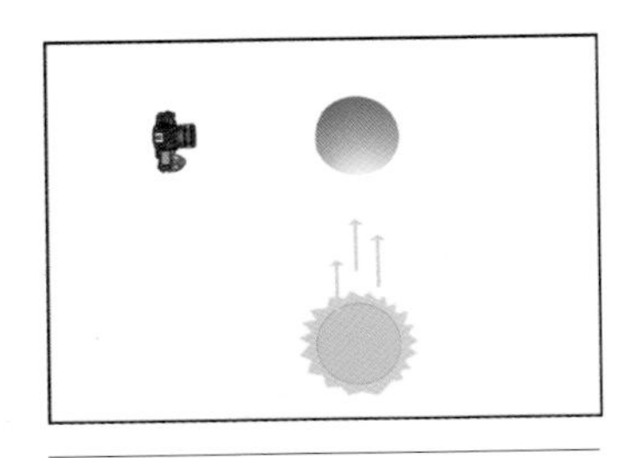

脚光示意图

脚光并不是我们常见的光线环境，脚光的视觉效果会下意识给人一种神秘、阴森、诡异的感觉。

 24mm f/5.6 1/60s ISO 400

脚光是舞台常用的布光手法，拍摄时，对演员进行测光，拍摄出来的照片主体会比较突出，并呈现出深黑背景

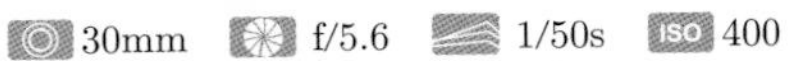

夜晚水面的灯光给建筑物营造了一种脚光的光线环境，独特的光照效果更增添了照片的神秘意境

160mm f/4 1/250s ISO 400

有很多舞台演出都有脚光对演员进行补光，当然还会配合其他光位的补光，这里的脚光除了对演员进行补光外，还有烘托现场气氛的作用

5.8 局部光

局部光是指被摄主体只有某一局部区域被光线照亮，而其他区域则处在阴影环境下。

利用局部光表现的画面非常有意境，但与其他光线环境相比局部光并不常见。通常，在自然界中出现的局部光都是稍纵即逝的，如果遇到了你所期待的局部光画面，就要抓紧时间去拍摄。比如，在太阳光线穿过薄厚不均的云层时，可能会产生局部光；在雷阵雨前后也能遇到局部光；在太阳快要下山时，偶尔也会出现局部光的环境。

局部光也被我们称为“舞台光”，它就像舞台上的追光灯一样，只照亮拍摄主体。而我们在观看一幅作品时，最亮的区域总是最吸引人视线的，这是人们的一种视觉习惯。我们利用局部光拍摄，局部光可以把画面中想要表现的景物照亮，使人们的视线全都集中在画面的局部光区域，这些非常有利于作品主题思想的表达。

80mm
f/9
1/500s
ISO 100

局部光可以使画面呈现得更有气氛，并且可以使人们的视线情不自禁地聚集在受光区域上

120mm
f/2.8
1/300s
ISO 100

局部光让荷花呈现得更加高贵，荷花的色彩、形态等细节特征在受光区域表现得非常突出

5.9 直射光

我们都知道，凡是点状光源发出的光都是沿直线传播的，光沿直线照射在拍摄主体上就是直射光，被直射光照射的主体可以在画面中产生明显的投影和对比强烈的明暗画面，主体的色彩和形态等细节特征可以得到很好的体现，画面也可以表现出空间层次感。

在大自然中，晴朗无云的天气下，当太阳光直接照射在拍摄主体上时，我们就把这种光线称为直射光。景物受到太阳光照射的一面会出现明亮的影调，而没有受到太阳照射的一面则会出现阴影，我们可以利用改变拍摄位置的方式控制这种明暗区域的比例。

直射光照射下的故宫建筑，呈现得很有立体感

60mm f/9 1/600s 100

直射光可以将人物和骆驼队投影在地面上，将沙漠和这些投影构建在画面中，显得非常有趣

5.10 散射光

我们在前面已经学习了什么叫直射光，在大自然中，晴朗无云时太阳直接照射下的光线就是直射光，而当天空中出现一些云彩，挡住了太阳光，使太阳光透过云层时发生了散射，此时照射在物体上的光线就是散射光。典型的散射光除了多云时的天空光，还有我们家中带柔光玻璃的灯具发出的光，或是水面、地面、玻璃等反射的光线等。

我们称直射光为硬光，散射光为柔光，所以散射光拍摄的景物并没有太多的明暗对比效果，受光面与背光面的过渡也很柔和，画面比较均衡。

70mm
f/22
1/2s
ISO 100

在森林中，茂盛的树叶遮挡了阳光，使光线柔和地散射到景物上，使景物产生的阴影很小，画面很柔和

100mm
f/32
6s
ISO 320

在散射光照射下拍摄郁金香花束，柔和的光线让画面明暗均衡，没有阴影出现，小光圈让画面具有极大景深，画面中的每一朵花都清晰呈现

5.11 清晨的光线

选择在清晨拍摄，由于太阳在地平线很近的位置，照射出的光线非常柔和，可以给画面带来温润、柔美的光照效果，而且早晨的空气很干净且相对湿润，可以使画面表现得非常透彻，此时的光线非常适合拍摄风光题材和花卉题材的摄影作品。

另外，清晨光线的色温比较高，所以整幅画面会呈现偏蓝的冷色调，给人沉稳、宁静的画面感，而在太阳光附近的云彩会形成暖色调，与冷色调形成对比，给人很强的视觉冲击。

60mm f/8 1/100s ISO 100

在雪后的清晨拍摄，冷色调的效果让画面更加通透、宁静，结合水中的倒影一起构图，更增添了画面的趣味性

100mm f/1.8 1/160s ISO 200

早晨也是拍摄绿植的好时机，利用微距镜头拍摄绿植上晶莹剔透的露珠，会使画面更吸引人

16mm f/11 1/100s ISO 100

在太阳还未升起的清晨，会产生偏蓝的冷色调，画面给人宁静、平和的感觉

5.12 上午八九点和下午三四点的光线

上午八九点和下午三四点的光线是我们最常使用的光线之一，这时的光线强度比清晨高，比正午低，并具有一定的方向性，会产生一定的光影效果，可以增强画面的空间感和质感。

在此时的光线环境下，非常适合拍摄人像、花卉、风光、建筑等题材，很容易得到层次丰富、色彩艳丽的画面效果。

30mm f/7.1 1/400s ISO 100

选择在下午三四点的时候拍摄风光场景，此时的光线方向性很强，光影效果让画面表现得很立体

50mm f/4 1/600s ISO 100

拍摄海边玩耍的孩子时，下午三四点的光线让孩子的光影效果非常丰富，显得细腻而得体

100 mm f/5.6 1/800s ISO 100

选择在下午三四点的时候拍摄郁金香，由于光线不再像中午那样强烈，会使画面中的色彩表现得很饱和

5.13 中午的光线

中午时分，太阳的光线是最为强烈的时候，并且会在我们头顶位置，此时的光线会直接向下投射在物体上，使主体的顶部受光，而其他地方处在阴影区域中，因此，正午时分的光线并不太适合拍摄，比如在拍摄人像时，受强烈的太阳光照射，人物的鼻子、眼睛、脖子等都会出现阴影，容易造成很难看的效果。

但并不是什么题材都不适合正午拍摄，一些自然环境中的大场景也可以在正午时分拍摄，比如山峦、湖面、花海等表现事物顶部色彩细节的画面。另外，如果想要在中午拍摄人像，我们可以让人物摆出抬头的姿势，以减少脸上的影子。

24mm f/8 1/800s ISO 100

拍摄大海时，可以选择在正午时分拍摄，由于大海的位置较低，受光面可以很好地表现在画面中

65mm f/5.6 1/800s ISO 100

在正午时分拍摄人像时，为了避免顶光使人物脸部产生阴影，可以利用俯视角度拍摄，并让人物摆出抬起头的姿势，让人物脸部充分受光

80mm f/7.1 1/800s ISO 100

在正午时分拍摄风光照片时，为了避免顶光使景物产生阴影，可以选择较高的位置俯视拍摄，这样画面中的景物色彩可以得到很好的表现

5.14 日落时分的光线

日落时分的光线可以说是一天中最迷人的，以至于有很多诗词歌赋中都出现黄昏的字眼，我们选择在此时外出拍摄，无论是人像、花卉还是风光题材，都可以得到更有吸引力的画面。

日落时分，太阳接近地平线的位置，光线的照射角度很低，可以使景物形成漂亮的影子，而出现的暖色调也会给画面带来温暖、热烈的效果。由于此时太阳的光线强度不是很高，肉眼可以直视太阳，我们可以利用长焦镜头直接拍摄大太阳的画面。

除了在此时拍摄一些主体清晰的场景，我们也可以多拍摄一些剪影画面，因为日落时分也是拍摄剪影画面的最佳时机。需要注意的是，日落时分的光线变化非常快，太阳落山的过程也是比较短暂的，所以我们要抓紧时间拍摄。

85mm f/1.8 1/200s ISO 100

利用日落时非常柔和的光线拍摄美女人像，可以使人物表现得更加浪漫温馨

30mm f/7.1 1/300s ISO 200

在日落时分拍摄无边无际的大海，海面映衬着天空丰富的色彩，画面很吸引人

 85mm  f/5.6  1/400s ISO 100 

日落时分也是非常适合拍摄剪影的时候，将海边奔跑的人物以剪影的形态呈现在画面中，让画面很吸引人

5.15 傍晚的光线

太阳落山后的傍晚，夜幕降临，此时天空还会有一些从地平线照射的余光，从而形成深蓝色的天空。很多人以为只有在天黑了、灯亮了的时候才可以拍摄夜景，其实不然，黑色暗淡的天空会让画面显得过于沉闷，而太阳刚落山时的傍晚，华灯初上，天空还有让人陶醉的深蓝色，才是拍摄夜景的最佳时机。

在实际拍摄时，我们要准备好稳定相机的三脚架以及控制快门的快门线，如果相机镜头上还装有在白天拍摄时的UV镜，最好将UV镜取下，以保证进光充足，画面清晰。

80mm f/6.5 1/60s ISO 400

在傍晚时分拍摄颐和园的风景，呈现出的冷色调画面会给人一种宁静、神秘的感受

30mm f/9 1/60s ISO 200

傍晚时分，天空会呈现出深蓝的色彩，选择在此时拍摄湖边的景色，可以给人非常宁静的感觉

24mm f/6.5 1/60s ISO 500

在傍晚时分拍摄城市夜景，此时城市的灯光已经开启，搭配深蓝的天空和天际间太阳的余光，使整幅画面表现得非常迷人

第6章

自然光下的人像摄影

在大自然中，太阳给予我们的自然光线会因为太阳所在一天中的位置不同而不断变化着，并且还会受到云层、雾气、树叶等事物的干扰而产生变化。所以，我们在自然光下拍摄人像照片时，有很多需要注意的地方，因为自然光线的每一种变化，都会对人像照片的最后成像产生不同的效果，想要在画面中表达出我们自己的想法和创意，就要选择好合适的自然光线环境。

6.1 人像拍摄最佳时间——清晨和傍晚

在进行人像拍摄时，柔和的光线是非常好的选择，如果是在影棚内拍摄，我们可以控制调节灯光的强度，如果是在室外拍摄，太阳光线的强弱变化是我们无法控制的，但因为太阳东升日落的规律，我们可以选择在一天中光线最柔和的时候出去拍摄。

在平时生活中我们可以观察到，太阳光线的照射强度在中午时分是最高的，而在清晨或是傍晚、黄昏，则是太阳光线照射强度最低的时候，所以，在一天中，清晨和傍晚是拍摄人像的最佳时间。

另外，太阳在清晨或是傍晚时会呈现出一种暖色调效果，在此时拍摄人物照片，暖色调可以为画面起到很好的渲染作用，使画面色彩更加吸引人，视觉效果表现得更为精彩。

50mm
f/2.8
1/400s
ISO 100

傍晚时分的光线均匀柔和，使美女模特表现得柔美自然，同时，暖色调的色彩也增加了画面的气氛

6.2 阴天适合拍摄什么类型的人像

在之前我们已经介绍过，柔光是指没有明显方向性的散射光线，给人的感觉像是从四周所有角度照射在主体上，不会产生明显的阴影，而阴天时候的光线其实就是散射光。如果在散射光中拍摄美女人像，很容易表现人物柔美的一面，因而很适合拍摄日式清新风格的人像照片，或者是淑女类型的人像照片。

选择在阴天拍摄人像时，由于阴天时很不适合拍摄天空，因此应尽量避免在照片中出现天空的部分，以免让整张照片显得暗淡压抑。如果希望画面中多一点鲜艳的色彩，可以给模特增添一些色彩艳丽的小道具，比如五彩的气球、鲜艳的花束等。

散射光

85mm
f/4
1/500s
ISO 100

在阴天散射光环境下拍摄美女人像，可以很好地表现出人物柔美的一面

50mm f/5.6 1/600s ISO 200

在阴天散射光环境下拍摄美女人像，为了避免画面显得平淡，可以让美女拿着彩色的气球拍摄，这样可以使画面更具吸引力

6.3 晴天适合拍摄什么类型的人像

晴天的光线属于直射光，并且光照十分充足，得到的画面非常亮丽，光影层次也很丰富，因而很适合拍摄充满朝气的运动型人像照片。同时，晴天还可以更好地表现少女动感和可爱的青春气息，因此也很适合拍摄青春少女类型的人像照片。

在晴天拍摄人像时，由于直射光的方向性很强，我们需要注意光位的选择，因为不同的光位可以得到不同的画面效果。比如可以利用顺光表现人物的五官细节或是色彩信息，也可以利用侧光使人物立体感更强，或是利用逆光拍摄剪影效果的照片等，不过具体还需要根据我们的拍摄想法来选择。另外，晴天时的天空是非常吸引人的，我们可以将天空当作画面的背景，这样可以使人物得到突出呈现，画面也更有魅力。

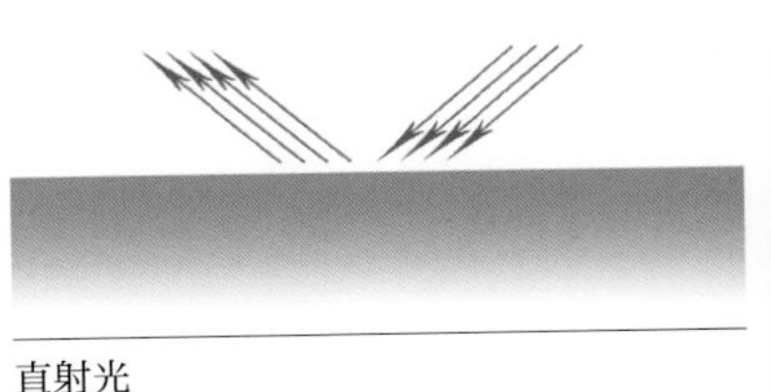

直射光

26mm f/8 1/300s ISO 100

利用斜侧光的位置拍摄美女，使美女的面部特征得到清晰呈现，画面中形成的阴影区域也增加了画面立体感

35mm f/4 1/1000s ISO 100

在海边拍摄情侣时，可以通过仰视拍摄的角度将蓝天当作背景进行构图拍摄，使人物得到突出体现，画面也更有吸引力

6.4 室内自然光拍摄家居人像

现在的房子大多都有大飘窗，白天阳光明媚的时候室内采光效果非常好，这样的室内环境很适合拍摄具有浓郁家居风情的人像照片。

在实际拍摄时，我们可以选择在卧室、客厅、阳台甚至是厨房拍摄，但需要注意的是，如果不是故意要拍摄那种昏暗、低调效果的照片，应该尽量选择光线充足的地方拍摄，一般室内自然光最充足的地方就是大飘窗旁或是阳台了。另外，在拍摄时不只是可以拍摄人物，还可以将门窗、沙发、电视等带有浓郁家居气氛的元素构建在画面中，让画面给人一种温馨、舒适的家居感觉。

50mm f/4 1/400s ISO 200

选择室内纯白的墙壁当作背景，可以使画面表现得简洁干净

70mm f/4 1/500s ISO 200

在客厅拍摄美女人像时，让人物坐在靠窗的沙发上，将沙发构建在画面中，给人一种温馨舒适的感觉

85mm f/5.6 1/600s ISO 200

在厨房光线充足的地方拍摄美女人像，将厨房中的厨具和蔬菜也构建在画面中，生活气息非常强烈

6.5 中午顶光环境下如何拍摄人像

中午时分，太阳会在我们头顶的位置形成顶光的拍摄环境，此时也是光照强度最为强烈的时候，如果在此时拍摄人像，人物会处在顶光环境下，人物鼻子、眼睛、脖子等都会出现难看的阴影，所以想要在正午拍摄人像，我们就要利用一些方法和技巧减小顶光造成的不好效果。

首先，如果太阳在人物的头顶位置，我们可以调整人物的姿势，让人物微微抬起头迎合着太阳的光线，让人物脸部受光充足，以此避免出现杂乱的阴影。其次，我们可以利用反光板反射太阳光为人物脸部补光，以消除人物脸部受顶光影响产生的阴影。另外，中午太阳照射强度是一天中最高的，会使照片中的光线效果显得有些生硬，我们可以让拍摄对象使用半透明的伞或是在树荫下拍摄，以此得到柔和的光线效果。

85mm f/2.8 1/750s ISO 100

在中午拍摄美女人像，可以让模特躺在花丛中，摆出脸部侧向天空的姿势，这样可以避免在人物脸部留下明显的阴影

85mm f/2.2 1/200s ISO 100

利用反光板为人物脸部补光拍摄，可以使人物的五官特征得到很好的呈现

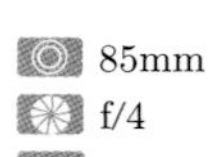

85mm
f/4
1/650s
ISO 100

在中午光线强烈的环境下拍摄美女人像，可以安排模特在树荫下拍摄，树荫会对强烈的光线起到过滤的作用，从而得到较为柔美的人像画面

6.6 顺光拍摄清纯美女

想要表现人物的皮肤、衣着色彩等细节画面，我们可以选择在顺光环境下拍摄。顺光环境下的人物表面受光很均匀，照射面积大，这样有利于人物皮肤、色彩等细节的表现。受光均匀的表面还会使测光程序变得尤为容易，一般情况下，我们使用评价测光或是局部测光就可以满足拍摄了。

在顺光环境下拍摄人像时，如果光线非常强烈，会因为光线过于刺眼而导致模特眼睛无法睁开，这时，我们可以让模特先暂时闭上双眼或是侧对太阳光，等我们要拍摄时，再让模特正视镜头，这样就可以捕捉到人物瞬间的眼神了。

另外还需要注意一点，顺光拍摄使人物受光均匀，从而缺少空间立体感，画面显得平淡。如果想要增加一些空间感，我们可以让人物稍微转变一下身体角度，使人物的五官出现明暗区域，还可以找一些小事物作为人物的前景，利用景别的关系来增加画面的空间感，使画面不显平淡。

85mm
f/5.6
1/800s
ISO 100

顺光使模特的面部表情、衣服色彩等细节得到很好的表现，为了避免画面平淡，将树叶安排在人物的前景位置，增加了画面的空间层次感

6.7 逆光拍摄人物剪影

想要在逆光环境中拍摄出精彩的人像剪影照片，我们首先要选择在清晨或是黄昏的时候拍摄，因为此时的太阳照射角度很低，太阳光线的照射强度也并不高，我们甚至可以用肉眼直视太阳，而此时天空的颜色也是一天中最迷人的，所以拍摄人像剪影，先要选择好拍摄时间。

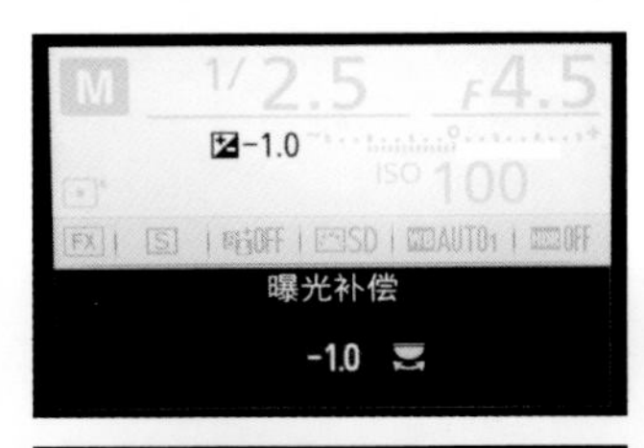

尼康相机降低曝光补偿的界面

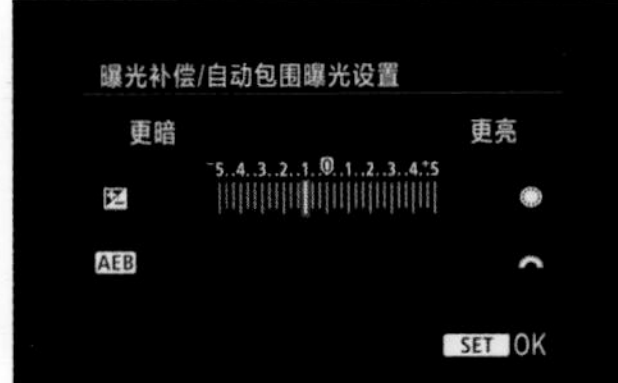

佳能相机降低曝光补偿的界面

剪影效果不是很明显

在实际拍摄时，为了使剪影效果更加明显，需要将相机的测光模式调整成点测光，然后针对背景中的最亮区域进行测光，这样就可以让照片中最亮的部分获得正确的曝光，而人物主体则会被压暗，呈现出明显的剪影效果。如果剪影效果还不明显，我们可以通过降低相机曝光补偿的方式进一步压暗画面，使剪影效果更明显。

对此处测光得到的画面效果

对此处测光得到的画面效果

通过降低曝光补偿拍摄，可以得到效果明显的剪影画面，模特侧向站立，五官特征得到了很好的呈现

另外，由于采用剪影拍摄人像只能表现出人物的轮廓，因此，在拍摄时人物的摆姿一定要优美，同时拍摄对象也要选择如侧面等最容易表现人物轮廓美的角度进行拍摄。如果被拍摄的人物比较多，我们还可以利用剪影效果来诠释人物间的关系，或是让人物摆出各种各样的姿势，让剪影的形态更加精彩。

65mm f/4 1/400s ISO 100

利用剪影效果也可以诠释出家人之间的关系，爸爸驮着孩子并拉着妻子的手，画面很温馨

100mm f/5.6 1/300s ISO 100

在拍摄人像剪影时，给每个人安排一个动作，并同时跳起，拍摄者利用仰视角度拍摄，可以得到很有趣的剪影画面

6.8 逆光突出人物发丝

一提到逆光拍摄人像，有很多人就会误以为是要拍摄剪影，其实不然，如果拍摄角度、测光和构图等拍摄技巧运用正确，逆光拍摄的人像可以也得到清新、亮丽的画面效果。

在拍摄美女人像时，美女的飘飘长发是很具有吸引力的画面元素，利用逆光拍摄，发丝闪着金色的光芒，非常迷人。为了让这种效果更明显，可以让模特将头发披散下来，另外，选择深色背景，也可以加深这种效果。

在实际拍摄时，我们需要注意画面的测光，因为是在逆光环境拍摄人物，如果测光不准确，就可能造成剪影的出现。一般在逆光环境下，数码相机的点测光或是中央重点平均测光是比较常用的测光模式。为了让模特面部曝光准确，逆光环境下需要使用反光板补光。

85mm
f/2.8
1/600s
ISO 100

模特披散的长发在逆光环境下形成金光闪闪的效果，深色的背景让这种效果更明显效果

125mm
f/4
1/600s
ISO 100

侧逆光将美女模特的头发表现得很有质感，用反光板补光使画面表现得清新自然

6.9 侧逆光增强人物面部立体感

在拍摄人像照片时，如果想要表现模特的五官特征，使模特的面部表现得更为立体，我们可以利用侧逆光来进行拍摄。

利用侧逆光拍摄人物，可以对人物的轮廓进行勾画，使人物主体更为清晰地表现在画面中。而侧逆光还会在人物的身体表面留下清晰的明暗区域，这种明暗反差越强烈，立体感也就越强烈，我们可以通过调整模特面对我们的角度或是我们相机的拍摄角度来控制这种明暗反差。

另外，还需要注意对人物的测光。侧逆光拍摄其实也类似于逆光拍摄，人物正面有一多半都是在背光区域，所以对于测光来说也比较复杂。在测光时，我们可以尝试使用中央重点平均测光，这种测光方式是以画面的中心为主要测光依据，同时对画面其他区域进行平均测光，这样可以使画面的曝光柔和适中。

70mm
f/4
1/400s
ISO 200

在侧逆光环境下拍摄美女模特，人物面部会出现明暗反差，这种反差可以有效增强模特面部的立体感

120mm
f/2.8
1/650s
ISO 100

侧逆光可以很好地勾画出模特优美的面部轮廓，模特的五官展现得更加突出立体，画面效果更加明显

6.10 散射光突出皮肤的白皙

我们都知道，太阳发出直射光线经过云层或是浓雾的过滤后，会呈现出一种均衡柔和的发散效果，此时的光线便成为了散射光。

在拍摄人像作品时，因为散射光非常柔和，并且没有明显的方向性，很适合表现人物的皮肤细节，尤其是在拍摄美女模特的时候，散射光可以使皮肤在画面中表现得更为细腻柔和。

在散射光环境下拍摄人像，由于散射光的光线非常柔和，不会使人物身体表面产生明显的明暗反差，因此我们可以使用评价测光或者是局部测光来完成拍摄。

需要注意的是，如果拍摄环境中的光线过于柔和昏暗，可以适当增加1～2挡的曝光补偿，这样可以使人物的皮肤表现得更加白皙柔美。

85mm
f/1.8
1/800s
ISO 100

在均匀柔和的散射光环境下拍摄美女模特，可以使模特的皮肤显更加柔和细腻

6.11 机顶闪光灯制造眼神光

在拍摄美女人像时，除了白皙的皮肤和飘飘长发可以表现女性独特的魅力之外，眼神光的运用也可以使画面更具吸引力。通常，眼神光可以增加画面的趣味点，让模特的眼神更加明亮，让欣赏者看到画面后被眼神所吸引。制造眼神光的方式有很多种，最常用的便是利用数码相机的机顶闪光灯来得到眼神光。

在实际拍摄时，通常是要在一个逆光的环境下来制造眼神光，如果是在顺光环境下拍摄，很容易使人物曝光过度。在逆光环境下，模特背对着光源，面部朝向相机，背光的面部与光源会形成强烈的明暗反差，此时使用机顶闪光灯对模特的背光面进行补光，便可以制造出炯炯有神的眼神光效果了。

85mm
f/2.8
1/1000s
ISO 125

眼神光也是画面中重要的兴趣点，它可以将欣赏者的视线聚集在模特的眼睛上，让画面更有吸引力

85mm
f/2.8
1/750s
ISO 100

在逆光环境下，机顶闪光灯为模特的面部补光，这样可以得到清晰的眼神光，使模特在画面中表现得更具灵气

6.12 室外拍摄人像巧用反光板补光

除了使用闪光灯为人物补光外，我们还可以利用反光板为人物补光。反光板其实就是一块表面附有高反射物质的轻便薄板，价格非常实惠，可以说是性价比最高的反光工具了。

我们通常使用的反光板大都是圆形的，不过有大小的差异，我们可以根据拍摄需要来确定反光板的大小。另外，反光板也有不同的颜色供我们选择，常用的颜色有白色、银色和金黄色，具体选择哪种颜色，这需要我们根据自己的拍摄需求而定。

在使用反光板为人物补光的时候，要注意根据曝光情况随时调整反光板与模特的距离以及反光板的角度。反光板距离模特太近，会形成非常生硬的光线；如果太远，又起不到补光的效果。另外，反光板的角度要合适，这样才能将太阳光准确地反射到模特的脸上，起到补光作用。

在美女模特处在阴影区域时，可以利用反光板为其补光

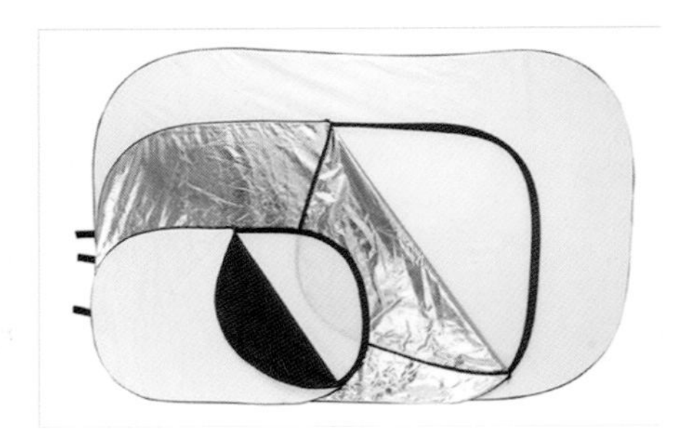

大小和颜色不同的反光板

16mm f/11 1/100s ISO 100

使用反光板对模特进行补光后，即使人物在建筑物的阴影区域，人物脸部、衣服等细节特征也可以得到非常好的表现

6.13 室外强光下人像拍摄的解决方案

在室外拍摄人像照片时，我们应该尽量避免在强烈的太阳光线下拍摄，因为这种光线容易造成画面的亮暗反差过于强烈，使画面效果显得很生硬，甚至是呆板，而强烈的阳光也会因为太过刺眼而影响模特的发挥。不过在一些客观原因下，我们不得不在太阳光线还很强烈时就去拍摄，此时，我们可以利用一些方法来应对这种刺眼的光线。

6.13.1 使用一把半透明的伞

应对强烈刺眼的光线，其方法非常简单，只要在拍摄时带上一把半透明的伞就可以解决问题。半透明的雨伞就好比天空中的云层一样，可以有效过滤强烈的太阳直射光线，使雨伞下面形成柔光的环境，这样便可以避免强烈的阳光照射，使人物面部表现得更加自然，人物的皮肤等细节特征得到很好的呈现。

105mm f/4 1/500s ISO 100

在拍摄美女人像时，拿一把雨伞作为拍摄道具，不光可以使光线变得柔和，用雨伞当作拍摄背景，还可以得到优化背景的效果，使人物主体在画面中表现得更加突出

85mm f/4 1/600s ISO 100

有时即使出现了太阳雨，阳光还是会很刺眼，利用一把透明的雨伞，除了可以挡雨外，还可以使伞下的光线变得柔和，使模特脸部表现得柔美，而不是阳光直射时那样生硬

6.13.2 利用阴影

在强烈的阳光下拍摄人像，除了使用雨伞来得到柔和的光线效果外，我们还可以利用环境中一些物体的阴影，来得到柔和的光线环境。

我们这里所说的阴影并不是完全被遮挡住的光线阴影区域，而是指具有一定透光性的物体所产生的阴影，比如布满树枝的大树就是很好的道具之一，太阳光线经过树叶的过滤，使树下的光线变得柔和。在树荫下拍摄人像，我们需要先判断一下光线的方向，利用顺光或是顶光拍摄是最佳的选择，因为这些光线可以带来均衡的光线覆盖效果，使人物受光更加均匀，也使我们对人物测光更加方便。

85mm
f/2.8
1/250s
ISO 100

在枝叶茂盛的树下拍摄，树叶会对强烈的光线进行过滤，从而使我们得到柔和均匀的光线环境

6.14 巧妙利用物体的反光拍摄人像

在拍摄人像照片时，如果人物出现了一些阴影区域，而我们手中也没有闪光灯、反光板等辅助工具，那么该如何对画面进行补光呢？告诉大家一个比较灵活的方法，就是寻找一些环境中的反光物体，比如镜子、玻璃、湖面、沙滩、雪地、浅色地面等，我们可以试着让模特配合这些反光物体摆出一些造型，让画面显得自然，而人物需要补光的阴影区域也会被反光物体照亮，人物在画面中可以得到更好的呈现。

需要注意的是，在我们日常生活中的这些反光物体其反光量都是比较小的，所以需要让模特尽量靠近这些反光物体，以便获得充足的反射光线。另外，自然光线还需要与反射物体呈现一定的角度，这样才能使反射光发挥最大的作用。

105mm f/6.5 1/600s ISO 100

让模特趴在汽车上拍摄，汽车表面的材质是很容易反光的，人物面部的受光非常均匀，表现得柔和、细腻

24mm f/5.6 1/320s ISO 100

拍摄沙滩上的美女人像，沙滩可以充当很好的反光板，对自然光线进行反射，从而为人物的脸部补光，使人物的形态以及表情细节表现得更加完美

6.15 适当增加曝光量让人物皮肤更白皙

对于我们黄种人而言，白皙的皮肤绝对是评判一个女人是否长得美的一个很重要标准，所谓一白遮百丑，就是这个意思。而对于人像拍摄而言，恰当地过度曝光可以让人物的皮肤显得更加白嫩。所以在美女人像的拍摄中，为了让美女的皮肤更好看，可以选择稍微增加一点曝光量。

具体拍摄时，适当增加1～2挡的曝光补偿就可以了，增加曝光补偿，画面会呈现得更为明亮，而画面中的一些脏乱杂物也会消失，人物的皮肤会呈现得更为干净、白皙。

需要注意的是，我们要根据实际的拍摄情况适当地添加曝光补偿，以避免一味地增加曝光补偿，使画面产生曝光过度的现象。

使用数码单反相机拍摄美女模特，正常曝光下人物肤色稍显暗淡

50mm f/2 1/600s ISO 200

增加1挡曝光补偿后，人物皮肤更加白皙

85mm f/2.8 1/500s ISO 100

利用提高曝光补偿的方式拍摄模特，可以使模特的皮肤表现得干净、白皙，画面整体也呈现得清新亮丽，给人很舒适的感觉

6.16　利用明暗对比拍摄背景简洁的人像照片

所谓明暗对比，就是指利用画面中明暗亮度不同的区域进行对比，从而产生强烈的视觉感受。在有明暗对比的画面中，亮部区域往往是最吸引人的，而被压暗的暗部区域则会起到突出亮部主体的作用。

在拍摄人像照片时，我们可以利用这种明暗对比的效果来诠释画面，让人物主体表现在画面的亮部区域，使欣赏者可以第一时间被人物所吸引，而暗部区域既可以起到突出主体的作用，也可以使背景呈现得干净、简洁。

通常，在实际拍摄中，我们可以对主体亮部区域进行测光来压暗背景，并且优化背景。还可以在硬光环境下，通过变换拍摄位置，使背景处在阴影中，从而得到有明暗对比的画面效果。

50mm　f/2　1/600s　ISO 200

选择暗色的木门为背景进行拍摄，人物白嫩皮肤与背景颜色形成明暗对比，使欣赏者可以第一时间被人物所吸引，人物得到很好的突出与体现

 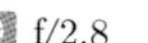
55mm　f/2.8　1/400s　ISO 100

在逆光环境下为孩子补光拍摄，由于背景建筑属于阴影区域，因此孩子与建筑背景产生明暗对比效果，孩子被突出表现，而阴影区域也不显杂乱

50mm　f/2.8　1/400s　ISO 100

利用大光圈将杂乱的背景虚化掉，并对画面的亮部区域进行测光，背景被压暗，大光比效果让处在亮部区域的人物得到突出体现

第7章

自然光下的风光摄影

大自然的绚丽多彩、千变万化，使风光摄影占据了摄影创作的很大一部分，正因为如此，大部分刚刚接触摄影的朋友也都是从拍摄风光题材的照片开始的。

在风光摄影中，相同的景物在不同季节、不同时刻，会呈现出不同的风光效果，而太阳是风光摄影中的主要光源，太阳每天发生的光线变化也会对画面的最后成像产生影响，所以，想要拍摄出优秀的风光作品，就要掌握在不同的自然光线下的拍摄技巧。下面我们就介绍一些在风光摄影中常见的光线环境。

7.1 风光摄影的最佳时机——清晨和黄昏

在大自然中，太阳是唯一可靠的光源，不过在进行风光摄影时，太阳光线不能像影棚中的灯光一样可以被任意控制，但我们可以巧妙地利用它。根据多年来的摄影经验，我们分析出清晨和黄昏是拍摄风光的最佳时机。

选择在清晨拍摄，由于太阳在地平线很近的位置，照射出的光线非常柔和，可以给画面带来温润、柔美的光照效果，而且无论是在逆光还是顺光下，拍摄的效果都很不错。另外，早晨的空气干净、湿润，画面感也会清晰、透彻。

清晨的光线色温比较高，所以在清晨拍摄的画面往往会得到偏蓝的冷色调，给人沉稳、安静的感觉。

16mm
f/8
1/100s
ISO 200

选择在清晨拍摄风光场景，由于太阳光线的色温比较高，画面会呈现出偏蓝的冷色调，给人带来宁静、和谐的感觉

24mm f/6.5 1/400s ISO 100

清晨时分，柔和的光线，让画面绚丽唯美

另外一个拍摄风光题材的最佳时间，就是在黄昏。与清晨拍摄时相同，太阳会慢慢降于地平线位置，此时太阳光的照射强度已经没有正午时分那样高，光线柔和，以至于肉眼可以直视，低角度照射下的太阳光可以使景物产生较长的阴影，为画面增加了质感。

而此时，太阳光的色温降低，会呈现出一种暖色调效果，也就是黄昏时非常迷人的金黄色的光影，并且这种色调会渲染整个画面，给人一种温暖、热烈的感觉。

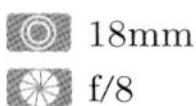
18mm
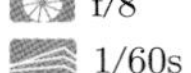
f/8
1/60s
ISO 200

黄昏时分拍摄积雪覆盖的郊外，因为阳光的照射，画面会出现偏黄的暖色调，在寒冷的冬天拍摄出了丝丝暖意

24mm
f/4
1/600s
ISO 100

黄昏时分拍摄湖水时，云朵被落日染成了橘红色，天空所呈现的暖色调与湛蓝的湖水形成了色彩对比，带来不同的视觉感受

7.2 风光摄影的最佳时机——雨过天晴

清晨和黄昏是每天都会经历的时段，我们可以有更多的时间和机会去拍摄，而除此之外，雨过天晴时，也是比较好的拍摄时机。

在白天，受风力和人为因素影响，空气中会有许多微小的尘埃颗粒，这些颗粒聚集在空气中，会影响空气的透明度，使拍摄到的画面产生一种朦胧的感觉，很不透彻。而在雨后放晴时，这些尘埃颗粒会被雨水冲洗掉，天空就变得湿润、干净而透彻。我们在拍摄风光题材的照片时，大都会有花草等绿植出现在场景中，刚被雨水滋润的植被也会显得生机勃勃，从而画面中的色彩饱和度也会呈现得更加饱满。

另外，雨后常常伴有彩虹，这种美丽的自然奇观也是一个吸引人的拍摄题材。所以，如果你爱好摄影，并刚刚经历了一场雨水，那么你完全有理由拿起相机，走进大自然，去创作属于你的作品。

120mm
f/8
1/300s
ISO 100

大雨过后拍摄的草原画面，由于刚被雨水洗过，小草表现得非常新鲜嫩绿，充满生机，画面给人一种清爽宜人的感觉

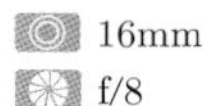

16mm
f/8
1/600s
ISO 100

在雨后拍摄的风光题材的画面，被雨水洗礼的天空显得很通透、很干净，花草也嫩绿新鲜，给人一种非常舒适的画面感

95mm f/9 1/200s ISO 200

大雨过后，常常会出现一种自然现象——彩虹，此时，我们应该抓紧时间将它拍摄下来，因为彩虹保持的时间并不长

7.3 正午顶光下拍好风光照片的技巧

我们在前面介绍了风光的最佳拍摄时间，但有时，我们也不能只停留在这几个时段，因为在摄影创作时，一天当中的任何时段我们都可以进行拍摄。

正午时分的太阳光，相对于我们的位置是顶光。顶光是我们都会尽量避免的光位，因为顶光是太阳从高空以近似垂直的角度照射下来的光线，除了能表现事物的顶部色彩信息之外，并不能表现出物体的质感，还会使除了顶部之外的区域都处在阴影当中。但任何事物都不是绝对的，我们完全可以巧妙地利用顶光照射物体形成的阴影进行构图，或是站在一个制高点，对景物的顶部拍摄，因为顶光会将事物的顶部色彩、形态等细节表现得很出色，这是其他光位无法办到的。

60mm
f/9
1/600s
ISO 100

在拍摄大海时，由于大海不会产生什么阴影，因此在顶光环境下拍摄，画面不会产生什么不好的表现，但顶光可以使遮阳伞产生出顶光阴影，为画面添加趣味

90mm f/8 1/600s ISO 100

在正午的顶光环境下，我们可以站在较高的山坡上，对树林与河流进行俯视拍摄，可以得到优美秀丽的画面效果

7.4 顺光下的色彩表现

在拍摄风光题材的照片时，我们并不会首先考虑顺光拍摄。虽然顺光拍摄在曝光上不会有太大的错误，但由于在顺光环境下景物的正面受光充足，缺少明暗变化，景物就会缺少空间立体感，画面也就很平淡，从而很难吸引人。

不过，顺光也并不是没有优点，它可以让景物色彩更加饱和、清朗，从而表现出鲜明、光亮的画面感。所以如果选择顺光环境拍摄，寻找一些色彩鲜艳或是有色彩对比的景物拍摄，因为色彩间的对比可以吸引观众的眼球，增添画面视觉冲击力。

需要注意的是，在拍摄时所选择的景物主体要在色彩上和背景形成对立的关系，以避免景物主体和背景的色调混淆在一起，影响主体的突出。

30mm
f/9
1/500s
ISO 100

在顺光环境下拍摄色彩鲜艳的房子和嫩绿的草坪，画面呈现出一种光亮、鲜明的气氛，也给人一种精彩、热烈的视觉感受

18mm f/8 1/400s ISO 100

顺光对色彩鲜艳的景物有极好的表现，利用顺光拍摄画面中的小木船，使船身的色彩在画面中表现得更加饱和、鲜艳

7.5 侧光风景的光影效果

侧光是我们在进行风光题材的摄影创作时常用到的光线，由于太阳光线会从景物的侧面照射过来，会使景物产生明显的阴影，这使得景物在画面中表现得更为立体。

利用侧光拍摄，景物的受光区域和背光区域会形成鲜明的明暗对比，并且太阳光线的照射越是强烈，这种明暗对比的光影效果就越明显，而更多时候，我们也正是利用侧光带给画面的这种光影效果进行构图拍摄，以使画面更具吸引力，景物被侧光投射的阴影也成为画面中不可缺少的元素。在拍摄时，我们要注意画面中阴暗部分的曝光，以便保证景物阴暗部分的层次能够表现出来，让画面的层次感更加丰富。

侧光可以说是几种基本光线照射位置中最能表现画面空间、层次和线条的光线了，并且也是最适合拍摄风光题材的光线。

60mm
f/6.5
1/800s
ISO 100

在侧光环境下拍摄时，将吃草的马儿当作画面前景，侧光会在草地上投射出马儿的阴影，这样会使画面显得更为生动、立体

18mm f/8 1/640s ISO 100

在山峰顶端拍摄蜿蜒的长城，由于太阳光线位于侧光位置，使得山峰的受光面与背光面形成强烈的明暗对比，增加了画面的空间感，而金黄色的太阳光线也使长城表现得很有质感

7.6 逆光拍摄景物的剪影效果

在拍摄风光题材的照片时，逆光角度通常是我们避免的拍摄角度，因为逆光环境下，景物主体的色彩和结构等细节得不到突出体现，往往是背景明亮而景物呈黑色的形态，也就是剪影。但并不是说逆光就不能拍摄出精彩的风光照片，我们也可以利用剪影来体现大自然的独特魅力。

在利用逆光环境拍摄剪影时，我们最好选择日出或日落的时候，此时不仅能够拍摄出光影和色彩都非常美妙的画面，还可以利用此时天空与地面产生的大光比，拍摄非常具有抽象艺术美感的剪影。

需要注意的是，由于剪影效果是完全压暗主体让其失去细节，从而突出表现主体的轮廓线条，因此我们最好以那些轮廓清晰并且具有一定特点的事物作为主体，例如雄伟的山峰、有特点的树木、形态优美的雕塑等。另外在拍摄剪影效果时，我们最好将相机设置为点测光模式，并且对天空高亮部分进行测光，以保证明显的剪影效果。

佳能相机点测光模式

尼康相机点测光模式

105mm f/6.5 1/120s ISO 200

利用逆光环境拍摄山峰，将山峰以剪影的形式呈现在画面中，作品显得更有艺术魅力

80mm f/6.5 1/300s ISO 100

在逆光环境下，将椰树以剪影的形成呈现在画面中，画面更有意境

7.7 阴天散射光下拍好风光照片的技巧

在进行风光题材的摄影创作时，我们并不能总是遇到风和日丽的好天气，有时也会遇到阴天的时候，阴天时候的太阳光线被云层遮挡，并发散形成散射光，这就使我们处于柔光照射的拍摄环境下了，此时，也就没有了顺光、侧光、逆光等光位给画面带来的影响。

在阴天情况下，光线不像太阳直射时那样强烈刺眼，发散得非常柔和，景物也不会产生明显的阴影变化，这样，我们也就没法利用景物的光影进行构图拍摄了。不过我们也可以利用散射光特有的这份柔和，来表现一些安静、柔美的画面，或是拍摄一些近距离的中景或是小场景，来表现景物的一些细节。

需要注意的是，如果阴天环境下光照环境过于阴暗，我们应该适当提高曝光补偿，以保证景物细节上的表现。

80mm
f/8
1/400s
ISO 100

在阴天环境下拍摄大场景时，如果没有特别具有吸引力的景物，画面会显得平淡，为画面添加些有趣的前景，可以提升画面的吸引力

100mm
f/8
1/100s
ISO 200

阴天时天空乌云密布，海水也映衬出蓝色调的深邃感，使画面呈现出另一种独特的魅力

30mm f/8 1/200s ISO 100

阴天时的万里长城，不会产生鲜明的阴影效果，与晴天时的拍摄效果相比，会呈现出另一种蜿蜒、伟岸的画面感受

7.8 雾景用光技巧

清晨是拍摄风光的最佳时机，但随气候的变化，有时，我们会在清晨遇到晨雾，尤其是在山林间，雾气会很严重，以至于画面的能见度非常之低，远处或是近处的景物在雾中若隐若现。但这种晨雾现象并不会像雾霾那样给人肮脏的感觉，与白天的晴空万里相比，在雾中拍摄风光题材的照片会另有一番风味。

在拍摄时，我们可以巧妙地利用雾景，使景物的透视变化可近可远，也可以使景物的色调变化可深可浅，给予画面丰富的层次感，将晨雾作为画中表现主体的陪衬，让主体呈现出一种非常神秘的感觉。

另外，晨雾还可以有效地将拍摄环境中的那些杂乱景物隐藏起来，让主体更加突出，主题也更加鲜明。需要注意的是，当雾气很大时，可能会影响我们相机的对焦，此时我们可以选择手动对焦来拍摄。

65mm
f/8
1/60s
ISO 100

在雾中拍摄时，利用树枝作为画面前景，将远处的船亭作为主要表现的景物，雾气将杂乱的背景遮挡住，使画面显得简单，画面主体可以得到突出体现

85mm
f/8
1/60s
ISO 100

在山林间拍摄朦胧的大雾时，我们对山雾间突出的树木进行对焦拍摄，得到的画面像是一幅山水画，很有气氛

120mm f/8 1/60s ISO 100

在山林间拍摄雾中的风景时，如果相机无法自动对焦，我们可以通过手动对焦方式来得到主体清晰的画面

105mm f/6 1/80s ISO 100

在拍摄雾中的山道时，我们将色彩鲜艳的树木作为画面的前景，由于近处的景物并不受太多雾气的影响，避免了画面的单调，为画面增添了吸引力

7.9 局部光线下的独特风景

可以毫不夸张地说，光线是摄影的生命，我们的摄影创作一直是在与光打交道，画面中有了光线的照射后，景物才可以被我们的相机拍摄到。然而，拍摄风光题材的照片，太阳光线不断变化，有时环境中只有局部被光线照亮，而其余部分处在阴影之下，在这种局部光照环境下，画面会出现一种明暗对比的独特效果。

光亮的事物总是能够吸引到我们的眼睛，尤其是这种局部光的画面。利用局部光拍摄的照片，往往都是暗调占据画面的大部分区域，而明调只占据很小的区域，将主体景物安排在这种亮部区域位置，会使欣赏者的目光很自然地被主体景物所吸引，同时，暗部区域还可以将杂乱的事物隐藏起来，使画面变得简单、整洁，并且还可以增添画面的气氛，让画面表现得更具艺术魅力。

180mm
f/5.6
1/800s
ISO 100

山顶被太阳照射，呈现出明亮的效果，其余部分处在阴影处而呈现出深暗色调，明暗对比让照片更有魅力

180mm
f/8
1/80s
ISO 100

起伏的沙丘在阳光照射下只有局部被照亮，沙漠产生了鲜明的明暗对比效果，而在画面亮部区域，一行脚印也为画面添加了几分神秘感和吸引力

7.10 风光摄影常用的附件器材

在摄影创作中，风光题材占据很重要的位置，有一些常用附件器材也是我们需要准备的。风光摄影最常用到的附件便是三脚架，这是画面清晰和成像质量高的重要保证；其次是快门线，这对于进一步提高画质是有很大帮助的。

UV镜和偏振镜在风光题材中偶尔也会用到，好的UV镜可以有效地过滤紫外光，减少紫边等现象。而偏振镜则可以有效地过滤偏振光，消除非金属表面反射的光线。

另外还有中灰密度镜和渐变镜，中灰密度镜又称为减光镜，可以降低通光量，适合一些需要用到慢速快门的拍摄场合，比如拍摄流水和瀑布；渐变镜则在拍摄日出和日落时会用到，可以减少天空与地面之间的亮度反差。

除此之外，灰板、星光镜等附件也是拍摄风光时会用到的摄影附件设备，但用到的频率并不高。

佳能相机RS-80N3快门线

尼康相机MC-DC2快门线

三脚架

UV镜

为镜头安装偏振镜拍摄，可以过滤非金属表面的反光，让画面更有质感

减光镜

偏振镜

7.11 小光圈得到大景深的画面

大场景风光独具的震撼力不仅仅表现在画面开阔的视野和极强的立体感上，其能够向观者展现出场景中的每一个细节也是给人们带来震撼的因素之一。因此，拍摄大场景风光时，我们最好能够让画面上所有的景物均较为清晰地呈现出来。

在拍摄中，如果我们想要让画面的细节更加清晰，就需要制造更大的景深。由于拍摄大场景风光时，我们通常都会使用广角镜头，并且会在较远的拍摄距离拍摄，因此如果我们能够使用小光圈（通常比f/14更小），就能够获得极大的景深，让画面中的细节展现得更加淋漓尽致。

另外，在使用小光圈拍摄时，我们还可以使用一个小窍门：将对焦位置选择在画面距离适中的景物上。我们可以把景深理解为以对焦点为圆心的圆，那么距离焦点比较近的景物都可以保证其清晰度，因此将这个圆心设置在距离前后景物都适中的位置上，可以保证画面最大的清晰范围。

20mm
f/18
1/500s
ISO 200

在利用小光圈拍摄大景深的画面时，可以对画面中距离适中的景物对焦，来得到画面最大的清晰范围

24mm f/20 1/600s ISO 200

利用小光圈来拍摄大场景的风光题材，可以得到极大的景深，同时画面空间感与立体感也表现得很强烈

7.12 怎样让草原显得更绿

面对一望无际的草原，兴奋之余，我们自然会希望利用相机将它们更好地拍摄下来，但在拍摄过程中往往会遇到画面发灰、发暗的情况，原本浓郁的绿色草原变得毫无生机。

想要将草原拍摄得更绿的方法有很多种，首先，从拍摄时间上来说，春天和初夏的草会更嫩一些，拍摄出来自然会显得更绿；其次，从天气的选择上来说，在阴天或是多云的天气拍摄，色彩饱和度会更高，草原的色彩会看上去更讨人喜欢，如果是晴天拍摄则应选择顺光拍摄，这样草原的色彩表现会更浓郁；再次，拍摄时我们也可以为相机安装上偏振镜，这样可以有效地消除杂乱的光线，画面的色彩饱和度也会更高；最后，我们还可以将相机的色彩饱和度和对比度设置高一些，可以增强草原浓艳的色彩。

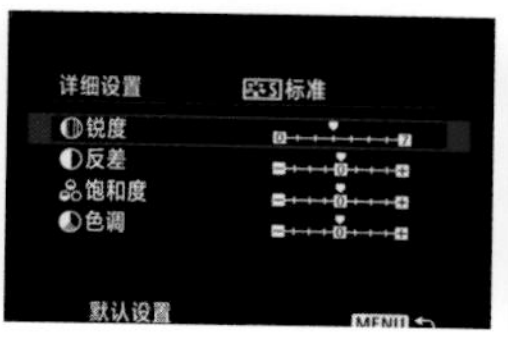

在佳能相机中，可以在照片风格设置中对画面的锐度、饱和度等进行设置，以此使草原的颜色显得更绿

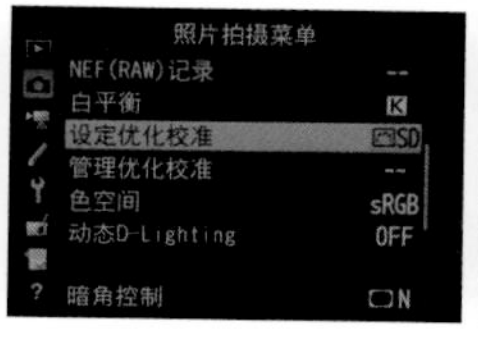

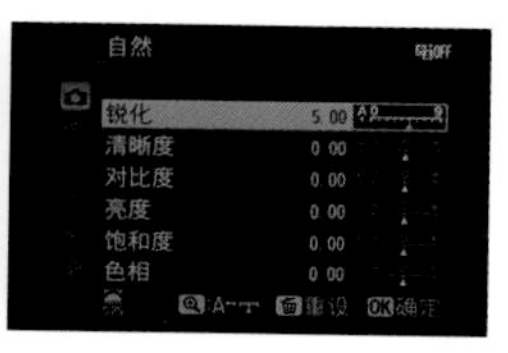

在尼康相机中，可以在设定优化校准中对画面的锐化、对比度等进行设置，以此使草原的颜色显得更绿

 60mm  f/12 1/600s  200

拍摄草原时，调高相机的饱和度和对比度后再拍摄，可以使画面中的颜色饱和度更高，草原显得更绿，使画面很吸引人

7.13 拍摄湖面应该使用什么样的光线

在拍摄以湖面为主的风光照片时，我们可以采用多种光照方向的光线拍摄，具体需要根据想要达到的画面效果或是现场的光线情况来做取舍。

如果想展现湖边景物以及它们在水面的倒影，我们应该采用顺光，这样湖岸的景物和水中的倒影都会得到清晰的成像；如果想让景物的光影丰富一些，并且表现出景物的立体感，我们便可以利用侧光来拍摄；如果主要想表现天空以及水面光影的层次和变化，便可以采用逆光或是侧逆光来拍摄，但是由于逆光的原因，水边的景物容易产生偏暗的影像或是以剪影的形式出现，因此如果我们不是在追求剪影效果，那就需要对水面或是岸边景物进行测光拍摄，避免对天空亮部测光而得到剪影画面。

35mm f/12 1/500s ISO 100

利用侧光拍摄湖面，可以让画面中的光影效果更加丰富，同时侧光增强了画面中的明暗过渡，使画面的空间感更强

60mm f/9 1/600s ISO 100

在拍摄山峰和湖中山峰的倒影时，利用顺光可以使画面中的景物表现得更加清晰，色彩表现得更加亮丽

24mm f/8 1/400s ISO 100

在逆光环境中将湖水准确曝光后，画面会显得非常亮丽，同时天空与湖面景色形成的颜色对比也使画面很吸引人

7.14 如何拍摄水花飞溅的水流效果

在拍摄水景画面时，想要把水花飞溅的瞬间凝固在画面中，我们要把相机设置为一个较高的快门速度，具体的快门速度要视水流速度而定。一般在拍摄平缓小溪中的水时，可以将快门速度设置为1/500s～1/1000s即可，而在拍摄飞流直下的瀑布这种水流比较湍急的画面时，快门速度还要更快一些，一般设置为1/2000s上。

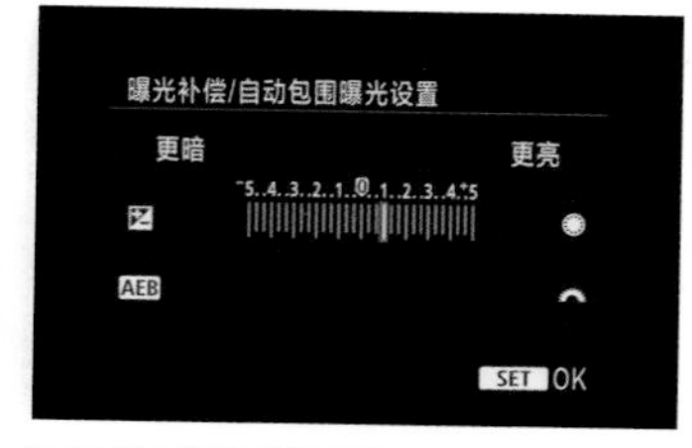

在佳能相机中，适当增加曝光补偿保证水花的洁白

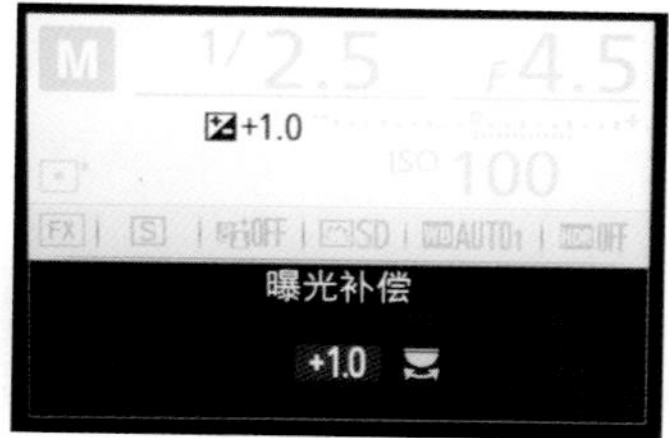

在尼康相机中，适当增加曝光补偿保证水花的洁白

 65mm  f/6.5 1/2000s ISO 600

利用高速快门拍摄海边的浪花，可以将海水拍打岩石的瞬间凝固下来，场面非常壮观，为了使画面曝光准确，在高速快门下我们可以提高感光度保证曝光准确

需要注意的是，如果快门速度过高导致画面曝光不足，我们需要提高感光度来保证曝光充足，另外，我们也可以适当地增加1~2挡的曝光补偿来拍摄，这样可以使得到的水花更加干净洁白。

将快门速度设置为1/13s拍摄的水流效果

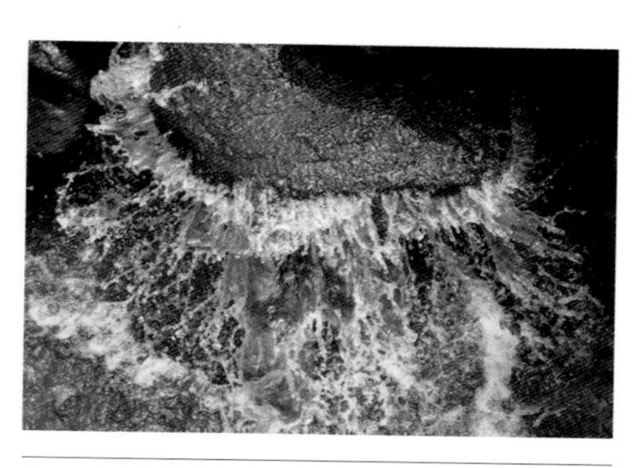

将快门速度设置为1/1300s拍摄的水流效果

7.13 如何拍摄如丝如雾的水流效果

与波涛汹涌的海浪或是飞流直下的瀑布不同，舒缓的溪流展现出了大自然恬静的一面。通过一些拍摄技巧，看似平淡无奇的溪流也能够被表现得非常唯美。

想要拍摄出如丝如雾的水景画面，我们需要使用慢速快门拍摄，具体的快门速度值需要根据水流的速度而定。当水流比较快时，比如飞流直下的瀑布，湍急的河水，快门速度在1/8s以下就可以拍摄出如丝般的效果，当然，如果快门速度更慢一些，达到1s左右效果会更好。如果水流速度本身比较慢，比如拍摄平缓的溪水，则需要更慢的速度才能达到理想的效果，快门速度最好在2s左右。

需要注意的是，并不是快门速度越慢越好，因为曝光时间太长会造成画面曝光过度的现象，我们可以为相机安装减光镜，通过减少相机的通光量来降低快门速度。

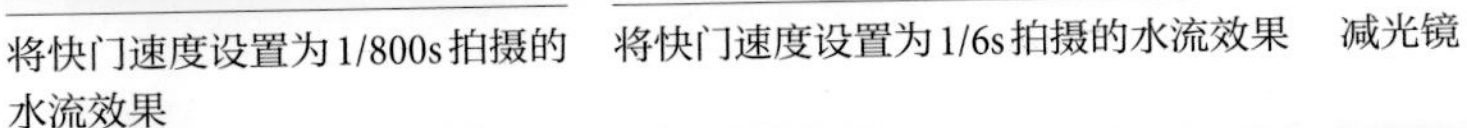

将快门速度设置为1/800s拍摄的水流效果

将快门速度设置为1/6s拍摄的水流效果

减光镜

70mm f/20 2.5s ISO 100

想要在光照充足的环境中拍摄如丝如雾的水流效果，为了保证曝光的准确，我们需要为镜头安装上减光镜以减少通光量，使快门可以达到比较慢的速度，水流效果非常迷人

7.16 雪景用光技巧

选择在冬天拍摄风光题材的照片时，雪景是我们不可错过的主题。冬天的植被已经褪去了彩色的外衣，留给我们的是一个枯燥的世界，而每当下雪之后，白雪会为这个缺乏色彩的世界披上白色的外衣，让画面显得很干净，也很梦幻。

7.16.1 增加曝光补偿让雪更白

在拍摄雪景时，想要使雪在画面中展现得洁白明亮，就需要掌握一些曝光技巧。如果是初次拍摄雪景，经常会遇到一些问题，最多的就是雪在画面中表现得暗淡、不够洁白，这主要与曝光补偿有关。

在拍摄雪景时，我们要遵循白加黑减原则，也就是说，如果想要使雪表现得洁白明亮，我们就要增加1～2挡的曝光补偿。这是因为在雪景画面中，白色会占据很大的画面，在这种情况下，我们的相机测光系统会误因为眼前的画面很亮，从而自动地减少曝光量，这样就造成了画面的曝光不足，本身白色的雪变得灰蒙蒙的，非常暗淡。所以，在拍摄雪景时，我们要时刻记住白加黑减的原则。

在拍摄雪景时，如果不增加相机的曝光补偿，很容易使画面过暗，白雪表现出一种发灰的色调

105mm f/9 1/200s ISO 100

在拍摄雪景时，为画面增加2挡曝光补偿，可以得到干净、洁白的雪景照片

120mm
f/9
1/100s
ISO 100

利用雪中的脚印将雪地与远处的木屋紧密联系在一起，侧逆光将被雪覆盖的群山与树木照亮，层次分明，画面很有空间层次感。增加一挡曝光补偿可以让画面更亮丽

7.16.2 利用光影拍摄

在拍摄白雪覆盖的风光画面时，受太阳光线的照射影响，会有与白雪形成色彩对比的黑色阴影出现在雪地上，而这也是很不错的兴趣点。景物的影子被投射在雪地上，可以使阴影的形态表现得更为突出，另外，阴影与主体景物相结合，也可以使主体景物表现得更为立体。

65mm
f/8
1/400s
ISO 100

大雪过后，对树木进行逆光拍摄，树木形成的剪影效果可以将其形态很好地表现在画面中，而太阳光投射在雪地上的树木影子，也成为很有吸引力的景色

7.16.3 逆光表现晶莹剔透的雪粒

在顺光环境下拍摄雪景，一般是表现雪景的洁净，一片茫茫白雪能让画面更简洁。但逆光环境下，雪景会呈现出另外一种特点。因为雪粒的特殊形态，在逆光环境下，雪的质感会被重点突出。近距离拍摄雪景特写时，还会让雪粒产生一种晶莹剔透的独特效果。

100mm
f/7.1
1/300s
ISO 100

逆光照射下，雪粒呈现出一种独特的晶莹剔透的效果

100mm
f/5.6
1/400s
ISO 100

逆光拍摄雪中小景的特写，雪的质感得到充分展现

7.17 拍摄迷人的耶稣光

耶稣光又称为丁达尔效应，是一种非常美丽的自然现象，这种自然现象并不是很难见到，不过也需要在一种特定的自然环境下才能出现，这主要是指天空中有合适的雾气或者是灰尘，当太阳光线穿过大气时，光线会投射在这些雾气或者灰尘上，从而形成柱状的光线效果。

耶稣光一般最常见于山林间或是海上，因为那里空气中的水气比较多。在我们日常生活中，只要环境符合，也是可以拍摄到耶稣光的。

在拍摄时，需要注意要对着有耶稣光的区域进行测光，以保证耶稣光得到准确曝光，在画面中清晰表现出来。另外，为了能够将耶稣光更好地表现出来，我们尽量使用小光圈拍摄，一般比 f/8 小就可以。而对于耶稣光这种比较独特的画面，最好使用RAW 格式存储，以便有更大的后期处理空间。

在画面中，我们可以看到耶稣光的光线，但与画面的整体构成相比显得不够突出，可以利用RAW格式记录下来，再进行后期处理

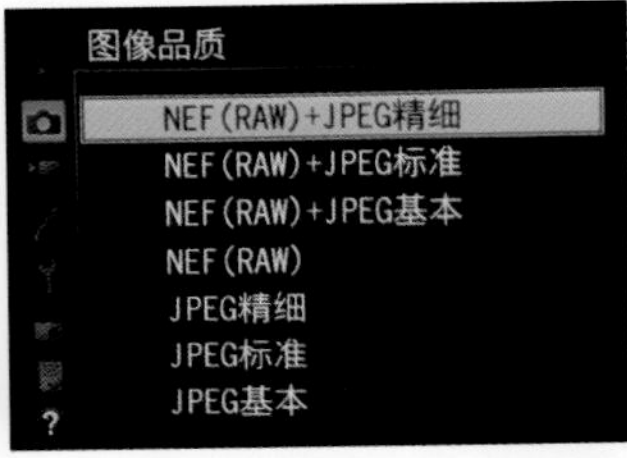

尼康相机的NEF(RAW)格式设置菜单

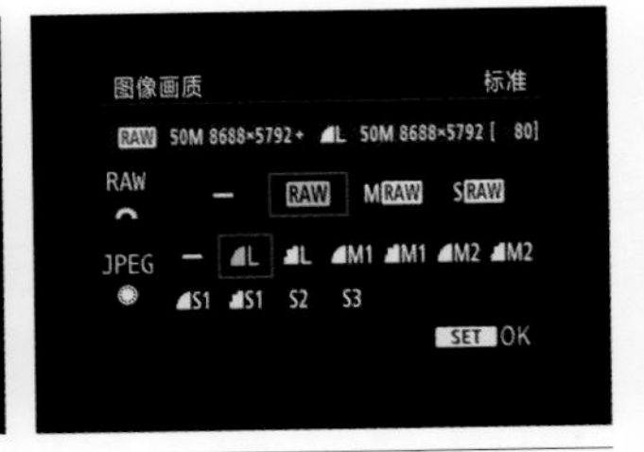

佳能相机的RAW格式设置菜单

85mm f/7.1 1/640s ISO 125

在拍摄耶稣光时，我们需要对光线测光，以保证光线是曝光准确的，同时也可以利用RAW格式存储，以便有更多的后期处理空间，让画面更吸引人

7.18 如何避免眩光的产生

当我们朝向太阳拍摄时，有时会发现画面中会出现眩光现象，这种现象是因为太阳光直接射入镜头造成镜头内部的镜片反光产生的。眩光在某些程度有对画面点缀的作用，但大多数会影响到画面效果，尤其是当眩光在画面的重要位置时。

其实，出现眩光的严重程度与镜头质量的好坏有关，好的镜头可以在一定程度上削弱眩光，但大多数不能完全消除，而质量不好的镜头受到眩光的影响，画面的色彩饱和度和对比度会受到影响，成像质量也会下降。消除眩光最好的办法除了使用好的镜头拍摄，就是变换拍摄角度避免阳光直射镜头，也可以选择在日出或是日落时拍摄，因为那时的光线比较弱。另外我们也可以为镜头安装上遮光罩，这可以在一定程度上防止镜头的眩光。

逆光拍摄时，画面产生的眩光

遮光罩可以很好地避免眩光的产生

17mm f/6.3 1/800s ISO 200

给镜头装上遮光罩并适当调整拍摄角度，可以有效避免眩光的产生

7.19 日出和日落时拍摄的用光技巧

在进行风光题材的摄影创作时，日出和日落可以说是永不落俗的经典主题，选择在这两个时段拍摄，太阳光线非常柔和，我们可以直接用肉眼观察。不过，这终究是属于逆光拍摄，所以在拍摄时要注意使用一些技巧，在测光区域的选择上，一般会使用点测光或中央重点平均测光模式进行拍摄。

7.19.1 选择合适的测光点拍摄

在日出和日落时拍摄，测光点的选择是非常重要的，它决定了画面的曝光效果，如果想着重表现地面的景物，那么在选择测光位置时，应该尽量找到一个亮度适中的地点进行测光，并且利用相机的曝光锁定功能锁定曝光，之后再重新取景构图。这样既可以保证被摄景物的大部分细节得以清晰呈现，也可以避免画面中的天空曝光过度，失去色彩。

24mm f/8 1/800s ISO 100

初升的太阳散发着金色耀眼的光芒，光线洒在花海中非常迷人，画面极具吸引力

70mm f/9 1/100s ISO 200

日落时分，金黄的太阳和水面的倒影非常迷人，而前景中的芦苇，在夕阳的映衬下，也为画面增添了一份诗意

7.19.2 降低曝光补偿让太阳轮廓清晰

如果想着重表现太阳的轮廓，我们应该将太阳主体放在靠近画面中心的位置，并且选择相机中的中央重点平均测光进行拍摄。在拍摄过程中，可能会遇到太阳的轮廓表现得不够清晰，周边有光芒溢出的现象发生，此时，为了使太阳的轮廓更加清晰，可以适当降低1～3挡的曝光补偿，将太阳周围的天空压暗，从而进一步凸显太阳的高亮，使太阳的轮廓表现得更加清晰。

另外，拍摄大太阳时，我们需要为相机配置一支长焦镜头，镜头的焦距越长，得到的太阳也就越大。

400mm f/11 1/500s ISO 100

在太阳周围进行点测光拍摄，并降低1挡曝光补偿，使太阳主体的轮廓非常清晰，画面干净、简洁，极具美感

300mm f/9 1/600s ISO 200

使用长焦镜头将太阳拍摄得很大，同时将海平线位置的帆船也构建在画面中，让画面更有意境

7.19.3 拍摄剪影增强画面艺术效果

在日出和日落时，天空与地面的景物会产生非常大的光比效果，我们可以利用这一条件，拍摄出具有浓厚艺术气息的剪影画面。我们都知道，剪影效果是逆光拍摄得到的，但是只有在日出和日落时创造出的剪影效果才是最迷人的，因为此时的太阳光线很柔和，画面色彩也很迷人。

在实际拍摄时，测光非常重要，我们可以将相机设置为点测光模式，对太阳周围较亮的天空位置进行测光，只要测光准确，就可以将地面景物压暗成剪影效果，让其失去原有的细节，这样可以更好地将景物的轮廓线条美感在画面中展现出来，这也是剪影特有的魅力所在。另外，如果想让剪影效果更加明显，我们可以通过降低相机拍摄时的曝光补偿来实现。

对画面中较暗的区域进行测光，没有得到剪影效果

佳能相机降低曝光补偿的菜单图

尼康相机降低曝光补偿的菜单图

佳能相机点测光的菜单图

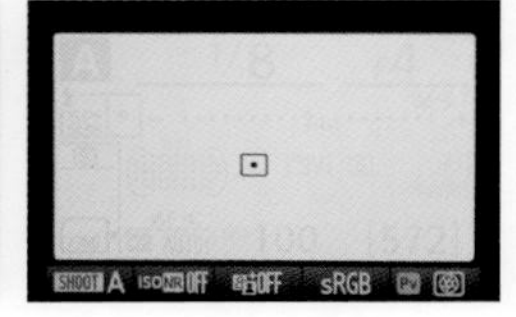

尼康相机点测光的菜单图

对画面中亮部区域进行测光，得到剪影效果明显的画面

30mm f/8 1/200s ISO 200

在日落时分拍摄，由于画面中的景物被压暗，形成剪影形态，画面更有意境美，同时也隐去很多杂乱物体，画面更简洁

24mm f/9 1/200s ISO 100

为了使马儿形成剪影效果，我们通过对天空较亮的区域进行测光，以此来压暗马儿的影调，剪影效果将马儿优美、矫健的形态充分展现出来

60mm f/8 1/200s ISO 200

为了防止画面过暗，我们对太阳周围的亮部区域进行测光，然后重新构图拍摄，宝塔和岸边的景物都被压暗成剪影，配合湖中金色的倒影，整幅画面很有艺术表现力，效果很吸引人

第8章

自然光下的花卉摄影

在日常生活中，花卉是很常见的拍摄题材，也是初学者很适合用来拍摄练习的对象。当我们看到盛开的鲜花时，会有一种喜悦、愉悦的心情，将花卉作为主体进行摄影创作，画面也会给观赏者带来同样的感受，并且通过一些摄影技法，还可以将花卉展现出一种人们肉眼无法观察到的美景。

大多数花卉都是在室外自然光下，比如大山中、草原中、公园里或是小路上，下面我们就带领大家来了解一下在自然光线下如何拍摄花卉。

8.1 使用相机的点测光模式对花瓣测光

在拍摄花卉题材的照片时，如果画面中的花卉没有很大数量，我们就很少使用远景拍摄，更多地是利用特写画面来诠释花卉，所以这也使得我们更关注花卉在画面中的曝光，而环境中的其他元素沦为次要。

花卉属于比较小的景物，在拍摄时受光线环境的影响很大，为了保证花卉曝光的准确性，使用相机测光模式中的点测光是最佳的选择，点测光只会对画面中的1%~5%的区域进行精准测光，这样，无论花卉占据画面多少，光线环境如何，相机都会以花卉的光照环境作为曝光条件。如果使用其他曝光模式，比如使用中央重点平均测光，测光值就会偏向较暗的光线强度，使画面中的其他元素也得到准确曝光，使背景显得杂乱，甚至会导致花卉主体曝光过度。

在实际拍摄时，如果不是在拍摄花蕊等微距特写的照片，我们通常会对花卉的花瓣进行测光。花瓣是花卉重要的组成部分，而相比花的叶子或是花蕊等部分，对花瓣进行点测光所得到的画面效果是最好的。

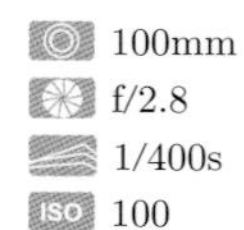

100mm
f/2.8
1/400s
ISO 100

利用点测光模式对花朵进行测光拍摄，可以得到非常准确的曝光，花卉的色彩在画面中表现得也很饱满

8.2 用散射光拍出鲜艳娇嫩的花卉

在阴天或是多云的散射光环境下，花卉不会产生明显的明暗区域，减小了反差，花卉的色彩饱和度可以在画面中表现得更高，从而得到优质的画面效果。

柔和的散射光经过了多次的反射才照射到主体花卉上，已经失去了明显的方向性，光线环境变得更加稳定，而不像直射光会产生多变效果，所以很适合表现花卉的整体形态。另外，这种柔和的光线非常适合微距摄影，因为散射光避免了杂乱光线对镜头的干扰，并且会让花卉的色彩、纹理等细节得到充分表现。

180mm
f/6
1/400s
ISO 100

在散射光环境下拍摄花朵，可以使其表现得淡雅、柔美，花朵的色彩也可以更加浓郁

200mm f/8 1/400s ISO 100

阴天时的光线也属于散射光，此时拍摄遍野的大场景花卉，花卉的颜色可以表现得非常艳丽，得到画面感十足的效果

8.3 用正面光拍出野花遍地的安静之美

正面光就是我们之前介绍的顺光，也是我们在拍摄花卉时经常会遇到的自然光线。

顺光的最大特点就是光线的覆盖面积大，花卉的受光面充足，这也使得相机的测光过程变得简单。但由于顺光不会产生明显的明暗反差，很容易造成画面的色彩平淡、层次不够丰富，因此在顺光环境下，我们要适当调整拍摄角度，进行有效的取景构图来弥补光线上的不足，并且选择一些纯色的背景，或是选择一些能与花卉颜色形成反差的背景，以达到突出花卉的目的。

在顺光环境下，因为光线的覆盖面积大，我们可以选择拍摄野花遍地的大场景画面，正面光使花卉的受光非常充足，让遍地的野花都不会产生明显的光线变化，使画面显现得更加和谐、安静。

另外，在正面光下拍摄大场景花卉，相机的自动测光模式有时候会将花卉色彩表现得比较平淡，此时我们可以降低1～2挡曝光补偿，这样可以得到色彩更浓郁的花卉作品。

70mm f/8 1/600s ISO 100

在正面光环境下拍摄花海，通过降低1挡曝光补偿的方式来控制曝光量，使得花卉的色彩表现得很饱和

24mm f/8 1/400s ISO 100

利用正面光拍摄成片的油菜花，使油菜花的颜色可以在画面中表现得很艳丽，同时大场景的花卉画面也表现出一种和谐安静之美

8.4 用前侧光拍出花卉的花形

当太阳光线在我们相机的左侧或是右侧，并形成大约45°夹角时便是前侧光。前侧光照射的花卉范围较大，并且可以在花卉表面形成清晰的明暗区域，而当太阳光线照射越强时，这种明暗区域表现得越明显；当太阳光线照射越弱时，明暗区域的对比越柔和。

我们经常使用的光线环境中，前侧光是表现主体质感的最佳光线之一，尤其是在拍摄花卉时，前侧光可以很好地刻画出花卉丰富的层次，画面的立体感增强，更有质感。

另外，前侧光除了可以将花卉表现得更有层次之外，还可以有效避免反光现象的发生，特别是在拍摄浅色的花卉时，由于花瓣的色彩与质感，经常会出现反光严重的情况，这时，我们适当调整拍摄位置，利用前侧光来拍摄花卉，可以有效避免反光现象的发生。

135mm f/2.8 1/400s ISO 100

在前侧光环境中拍摄花卉，花卉的亮部区域与阴影区域形成反差，使花卉在画面中表现得更加立体，层次更加清晰

105mm f/2.8 1/500s ISO 100

前侧光将花卉的阴影投射在花卉的受光面上，增加了画面的空间感和层次感，花卉受光面的颜色展现得也很鲜艳，质感很强

8.5 用侧逆光拍出花卉的层次感和光泽度

由于花卉的品种不同，质感纹理也会有所不同，当我们想要展现它们的质地时，除了前面提到的前侧光外，侧逆光也是非常不错的选择，并且侧逆光除了可以突出花卉的纹理质感外，还可以使花卉表现得更加清新干净。

我们都知道，侧逆光就是从拍摄主体的后侧面照射过来的光线，花卉面向我们的受光面会占一小部分，而背光阴影区域会占一大部分，从而形成明暗区域的反差，并且光线越强，这种明暗区域的反差也就越明显。不过，由于花卉的品种和质地不同，有些花卉的花瓣很薄，太阳光可以轻松穿透花瓣，使花卉展现出一种晶莹剔透的效果，并且花瓣上也会产生淡淡的阴影，增加画面的层次感。

105mm
f/4
1/400s
ISO 100

利用仰视角度拍摄花卉，并与太阳形成侧逆光的角度，太阳光线将花瓣照射得很明亮，花瓣上的阴影部分也增加了画面的层次感

8.6 用逆光拍出色泽鲜亮、纹理清晰的花卉

在拍摄花卉题材的照片时，逆光是比较容易出效果的光线，我们可以利用这样的光线拍摄出与众不同的花卉作品。

选择在逆光环境下拍摄，如果拍摄方法正确，花卉的明度和饱和度都能得到提高。我们都知道花卉的花瓣通常都是比较薄的，透光性很好，我们可以利用花卉的这一特质，将太阳光藏匿到花卉背后，这样既可以避免画面中出现太阳光源，也可以完美地展现出花卉的质感，使花卉的色彩表现得更加鲜艳。

另外，除了对色彩的突出表现外，逆光还可以很好地勾勒出花卉的主体轮廓和线条，使花卉的细节表现得更加丰富，也使画面的形式感更加强烈。

135mm
f/5.6
1/800s
ISO 100

逆光拍摄，凸显了花瓣的透明感，花卉的色彩饱和度也得到了提高，整个画面给人一种清新、明快的感觉

100mm f/4 1/600s ISO 100

利用逆光拍摄，逆光将主体的轮廓和线条完美勾勒出来，很有画面感

8.7 用雨后的散射光拍出花卉莹润动人的效果

有时在下完雨后，太阳光线并不会因为雨停就出现强烈的照射情况，如果天空中还有一些雨云的遮挡，那么此时的光线还是属于一种柔和的散射光，在这个时候去拍摄花卉，可以得到花卉干净、莹润动人的效果。

散射光本身就会使花卉表现得很清新、柔美，而选择在雨后拍摄，雨水刚刚冲洗过花瓣，使得花卉可以表现得更加干净、新鲜，有时，花瓣上还会留有雨水形成的水珠，使花卉表现得更加莹润诱人。

100mm
f/2.8
1/600s
ISO 100

在雨后的散射光环境下拍摄花卉照片，可以得到一种柔和的画面效果，并且花卉上的水珠可以使画面表现得更加新鲜、诱人

8.8 巧用晨昏光线增加花卉的艳丽色彩

我们都知道，早晨的光线和黄昏时的光线在一天中会因为色温的变化而变得不同，早晨的光线往往会给人一种寒冷、安静的冷色调画面，而黄昏时会给人一种温暖、热烈的暖色调画面。而在这两个时段，花卉在画面中也会受到这些光线的影响，形成偏向暖色调或是冷色调的色彩效果。

我们可以利用这两个不同时段的色调属性来表现颜色不同的花卉，比如用黄昏时候的暖色调光线来拍摄向日葵，使向日葵的黄色在画面中表现得更加艳丽，或是利用清晨时候的冷色调拍摄荷花，使荷花在画面中表现得更加圣洁，而绿色的荷叶颜色在冷色调下可以呈现更为饱满。

20mm
f/4
1/250s
ISO 200

在黄昏时分拍摄漫山遍野的向日葵，暖色调的光线使向日葵的颜色表现得更加饱满，画面气氛更加浓烈

180mm　f/5.6　1/200s　ISO 100

在清晨拍摄洁白的荷花时，冷色调的光线给画面一种和谐、宁静的感觉，同时荷花与荷叶的色彩表现得也很自然

8.9 增加曝光补偿拍摄白色花卉

在前面章节中，我们为大家介绍了雪景的拍摄技法，也就是白加黑减的原则。在拍摄花卉题材的照片时，我们仍然可以根据这个原则进行测光拍摄。

尤其是在拍摄白色花卉时，我们对白色花卉进行测光，相机系统会自作聪明地以为眼前的画面很亮，从而自动减少曝光量，将画面整体压暗，这样会使画面曝光不足，白色的花卉在画面中表现得很暗淡。此时，我们可以增加相机的1～2挡的曝光补偿，这样可以使画面更加明亮，而白色的花卉也可以表现得更为洁白。

另外，在拍摄花卉时，我们要学会灵活地运用曝光补偿的功能，有时不光是拍摄白色的花卉，在一些光线非常暗淡的散射光环境中，我们也需要提高曝光补偿，来确保画面的曝光准确。

在拍摄白色的花朵时，对白色的花瓣进行测光，导致画面过暗，缺少吸引力

105mm f/4 1/600s ISO 100

对白色的花瓣进行测光，并适当增加1～2挡的曝光补偿，可以使花朵表现得更加洁白，画面更加亮丽

125mm f/2.8 1/400s ISO 100

在拍摄白色的郁金香时，适当增加曝光量可以使花朵表现得更加干净、洁白，给人非常舒适的画面感

8.10 变换光照角度拍摄不同效果花卉

在室外拍摄花卉的时候，如果只是拍摄同一种光线下的画面效果，得到的照片难免会很单调。因此我们在拍摄现场，在拍摄照片之前，可以多观察周围环境，寻找环境中不同光线下的花卉进行拍摄，这样可以丰富我们的作品。

比如在公园里拍摄，有的花朵可能处在背阴环境下，这种环境下光线的特点是方向性不强，属于散射光，得到的画面效果比较柔和，没有明显的明暗反差；而有的花朵可能会处在光照方向比较强的顺光或者逆光环境下，顺光下拍摄，花朵的细节会得到更好展现，而逆光环境会给花瓣带来一种独特的半透明效果。

因此，寻找拍摄环境中处于不同光照环境的花朵进行拍摄，是拍摄出精彩花卉作品的一个关键点。

100mm f/2.8 1/1600s ISO 100

拍摄处于背影处的花朵，没有固定照射方向的散射光让画面明暗比较均衡，花朵比较柔和

100mm f/2.8 1/8000s ISO 100

拍摄处于逆光环境的花朵，花瓣会产生一种半透明的独特效果

100mm f/2.8 1/3200s ISO 200

在方向感比较强的顺光照射下，花朵色彩比较艳丽，且细节呈现得很丰富

8.11 减少曝光补偿让花朵色彩更加艳丽

在拍摄花卉照片时，为了达到某种画面效果，有增加曝光补偿的时候，也有减少曝光补偿的时候。

在弱光环境下或是在拍摄白色花卉时，会出现画面过暗的情况，我们可以增加曝光补偿，以确保画面的曝光准确。而在光线照射非常强烈的环境下，或是当花卉的背景环境光线很复杂时，就有可能出现画面曝光过度的情况，使花卉的色彩饱和度降低。如果得到这样的画面，解决的方法也很简单，就是减少曝光补偿，减少曝光补偿可以控制画面的曝光，也可以使花卉的色彩表现更加艳丽，画面更有质感。

曝光过度了，原本色彩很很浓郁的牡丹花变得缺乏吸引力

105mm　f/4　1/600s　ISO 100

适当降低1～2挡的曝光补偿来控制曝光量，可以得到色彩艳丽的画面效果

80mm　f/4　1/600s　ISO 100

通过降低1挡曝光补偿的方式拍摄盛开的郁金香，使郁金香的色彩在画面中表现得更为饱满，画面更吸引人

8.12 利用明暗对比拍摄背景简洁的花卉

在自然界中，花卉都是比较小的，所以很容易受到周围环境的影响，如果周围环境太过杂乱，会干扰欣赏者的视线，使主体花卉在画面中表现得不够突出。

我们可以利用仰视角度，让天空作为背景，来避免背景的杂乱，还可以利用明暗对比的拍摄方法，使花卉的背景变得干净、简洁，使花卉得到突出体现。

在拍摄花卉时，难免会有一些枝蔓进入画面，画面显得十分杂乱。此时，我们可以利用变换拍摄角度等方式，将花卉放置在画面的亮部区域，并且对花卉的亮部区域进行测光拍摄，以此压暗处在暗部区域的杂乱元素，达到优化背景的效果，这样，处在亮部区域的花卉可以得到突出表现，明暗对比效果也增加了画面的吸引力，让画面表现得更有艺术感。

125mm f/2.8 1/500s ISO 100

利用明暗对比效果拍摄花卉，可以起到优化背景的作用，反差强烈的明暗对比效果使画面更加吸引人，展现得很有艺术魅力

105mm f/4 1/400s ISO 100

利用点测光，对花卉的亮部区域进行测光拍摄，以压暗花卉杂乱的背景，得到花卉主体非常突出的明暗对比效果

135mm f/2.8 1/400s ISO 100

利用明暗对比来表现盛开的鲜花，纯黑色的背景与明亮的花朵形成强烈的对比效果，花卉的色彩、形态充分地表现在画面中

第9章

自然光下的动物摄影

拍摄动物，大多是在室外进行，光线环境一般也就是室外的自然光，比如在室外拍摄家中养的宠物，在动物园的室外拍摄各种类动物，在野外拍摄飞鸟等。

通常，在拍摄动物主体时，动物并不会如同建筑那样一直保持静止，因此，在拍摄动物时，就需要抓住动物的“动”，尤其是在自然光下，我们需要在一些光线充足的环境中拍摄它们。

本章，我们主要从用光角度简单了解动物摄影中常用到的光线知识。

9.1 在光线充足的地方利用高速快门拍摄

在拍摄动物时，最主要的是拍摄动物的“动”，比如拍摄它们奔跑、跳跃、玩耍、飞翔等运动场景。这就意味着，拍摄者在拍摄中需要时刻注意相机快门速度，确保适合的快门速度，保证照片中动物主体的清晰。

通常，在室外自然光下拍摄动物时，会选择光线较为充足的天气，使用相机高速快门对动物进行拍摄。另外，在实际拍摄中，还需要结合场景中具体情况，选择适合的高速快门。

为了保证拍摄活动中较为准确地对焦，还需要适当设置相机自动对焦模式，比如在拍摄运动的动物时，使用佳能相机时，可以将自动对焦模式设置为人工智能伺服自动对焦；使用尼康相机时，可以将自动对焦模式设置为连续伺服自动对焦。

200mm
f/3.2
1/1200s
ISO 400

在光线充足的情况下，使用高速快门，可以定格宠物奔跑跳起的瞬间

400mm f/5.6 1/1000s ISO 400

使用高速快门拍摄时，结合人工智能伺服对焦模式，可以高效、准确地拍摄出对焦清晰的照片

400mm f/7.1 1/1000s ISO 200

使用高速快门定格动物吼叫的瞬间，可以更强烈地表现出动物凶猛的一面

9.2 顺光环境下让动物皮毛更有光泽

通常，在拍摄动物时，从光线照射方向来说，我们会选择顺光、逆光、侧逆光、侧光等进行拍摄，选择不同光照方向，照片最终的画面效果会各有特色。

顺光是较常使用的。一般来说，顺光拍摄动物时，自然光照射方向与相机视角方向相同，这时拍摄出来的照片，画面中动物毛发更显光泽，动物毛发细节、色彩可以得到更为细致的表现。

不过，由于相机拍摄方向与自然光照射方向相同，照片中动物毛发几乎受光均匀，动物身体毛发很少会出现明显的光影变化，这就使得照片在一定程度上缺乏立体感。因此，顺光环境下拍摄动物的时候，最好在构图方面想一些办法，增强照片的立体感，比如可以安排适当的前景，利用对角线构图等，让画面不至于太过单调。

85mm　f/3.2　1/800s　ISO 400

顺光拍摄正在打盹的猫咪，猫咪毛发细节得到清晰展现

300mm f/5.6 1/1000s ISO 200

在动物园中拍摄动物时，可以选择顺光环境，对动物毛发以及毛发色彩进行更为细致的表现，对角线构图让画面更灵活生动

200mm f/2.8 1/1000s ISO 100

顺光角度拍摄草地上的小兔子时，可以选择地上的绿草作为前景，这样画面空间感可以得到增强

9.3 逆光环境下表现动物毛发的质感

所谓逆光环境，简单来说，就是指在拍摄时，动物主体处于自然光源和相机之间，拍摄位置是逆光方向。通常，我们将侧逆光与逆光统称为逆光环境。

一般来说，使用侧逆光角度拍摄动物时，在自然光线的照射下，会出现较为清晰的轮廓光，尤其是拍摄一些具有毛发的动物时，轮廓光最为明显，比如采用侧逆光角度拍摄宠物猫时，宠物猫的毛发会形成一圈明亮的金光效果。使用逆光角度拍摄动物时，会出现较为明显的剪影效果，比如拍摄飞鸟在空中的剪影等。

需要注意的是，我们在使用逆光角度拍摄动物题材时，要尽量避免相机直接对准太阳，尤其是采用逆光角度拍摄时，以免太阳光线在镜头聚焦情况下对相机造成损害。

200mm f/2.8 1/1000s ISO 400

侧逆光角度拍摄追赶蝴蝶的小猫，在自然光线照射下，小猫的身体周围产生了一圈透明的光环

70mm f/7.1 1/800s ISO 400

傍晚时，可以选择逆光角度拍摄海鸥的剪影

9.4 增加曝光补偿让动物不显脏

在动物园或者街头拍摄动物时，会发现大多动物身上很脏，完全不是我们在电视上或者画册上看到的那样干净漂亮。在拍摄这些动物时，为了使照片之中的动物看起来干净整洁，需要使用一些技巧，其中，针对颜色较浅的动物有一种比较有效的方法，那就是增加曝光补偿，使照片稍微曝光过度一点，这样可以让画面看上去更明亮，动物也会显得更干净一些。

之所以使用这种办法，是因为照片过亮时，照片中的一些细节便会丢失，在这些丢失的细节中，很大一部分便是附着在浅颜色动物表层的灰尘等脏的东西。

不过，也需注意的是，曝光过度应该适量，不可一味地为了追求动物身上的干净，从而使得照片丢失太多细节，以致照片信息量过分减少。

在动物园拍摄斑马，照片正常曝光或者稍微曝光不足的情况下，斑马身体显得有些脏

400mm f/7.1 1/800s ISO 800

适当增加曝光补偿，画面明亮了许多，斑马显得更干净了一些

400mm f/5.6 1/1000s ISO 640

在雪中，拍摄颜色较浅的丹顶鹤时，适当增加曝光补偿，照片整体更显明亮干净

300mm f/5.6 1/500s ISO 200

拍摄熊猫时，为使熊猫身体毛发更显干净，可以适当增加曝光补偿

9.5 利用大光比突出动物主体

利用自然光线拍摄动物时，可以借助场景中的明暗关系进行拍摄。

具体拍摄时，就是寻找一些场景中明暗关系较为明显，最亮区域与最暗区域差别较大的场景，将动物放在这些场景中，借助场景中的光比大小突出动物主体。简单说，就是将动物放在某一处比较亮的地方，对动物测光，让动物正常曝光，周围环境中比较暗的地方由于曝光不足而呈现出黑色，从而可以突出动物主体，并且能营造出一种独特的气氛。

200mm
f/5.6
1/800s
ISO 400

借助明暗对比关系拍摄宠物时，宠物主体可以在明暗对比下更加突出

9.6 利用顺光表现蝴蝶等动物的艳丽色彩

除了顺光拍摄长有毛发的动物，我们还常常在拍摄色彩艳丽的动物时选择顺光角度进行拍摄，从而最大程度表现动物艳丽的色彩。

这里所说的色彩艳丽的动物，既包括色彩艳丽的昆虫，也包括色彩艳丽的大型动物。换言之，就是在拍摄动物时，想要更好表现动物身体上鲜艳的色彩，可以选择顺光角度进行拍摄，这样一来，场景中主体色彩便可以得到最大程度呈现。

100mm f/7.1 1/800s ISO 400

顺光角度拍摄蝴蝶时，照片中蝴蝶的色彩更为艳丽

9.7 在光照充足环境下利用微距镜头拍摄动物

借助微距镜头拍摄动物，既可以拍摄体型较小的昆虫，也可以拍摄体型较大的动物，比如使用微距镜头拍摄蜻蜓、蝴蝶、游鱼或者动物的局部特写等。

需要注意的是，使用微距镜头进行拍摄时，尤其是在拍摄局部特写或者昆虫时，尽量选择中等光圈，从而确保画面中有足够的景深，可以有足够清晰的范围表现昆虫等的细节特点。这就是说，借助微距镜头拍摄时，尽量选择环境中光线充足的时候进行拍摄。

佳能微距镜头

尼康微距镜头

100mm f/8 1/500s ISO 100

光线充足的境况下，使用中等光圈的微距镜头拍摄动物的眼睛，开放式构图给人更多想象空间

105mm f/10 1/800s ISO 400

光线充足情况下，使用微距镜头拍摄昆虫，选择较小光圈可以让画面中清晰范围更大一些，昆虫细节可以得到清晰展现

第10章

自然光下的建筑摄影

随着人类文明的不断发展，我们从很早时期就开始注重建筑上的美学设计，无论是古典建筑还是现代建筑，有很多都可以称之为艺术品，利用摄影将它们的艺术表现在画面中，可以增加我们照片的吸引力。而建筑题材在摄影中本身就占有很重要的位置，我们要学会利用手中的相机去拍摄建筑。下面就为大家介绍一下自然光线下的建筑摄影。

10.1 顺光拍摄色彩出众的建筑

在拍摄建筑题材时，我们可以利用顺光的位置拍摄，顺光可以使建筑的表面受光充足。

顺光可以使建筑的表面充足受光，这样便不会产生明显的阴影，适合表现建筑的色彩信息，但不适合表现画面的立体效果。

我们可以在拍摄古典建筑时，利用顺光展现古典建筑的色彩信息，也可以利用顺光展现现代建筑幕墙的那种通透感。顺光容易使画面显得平淡，所以在取景构图时，我们要多通过建筑的形态、色彩等细节来增加画面的吸引力。

利用顺光拍摄的建筑

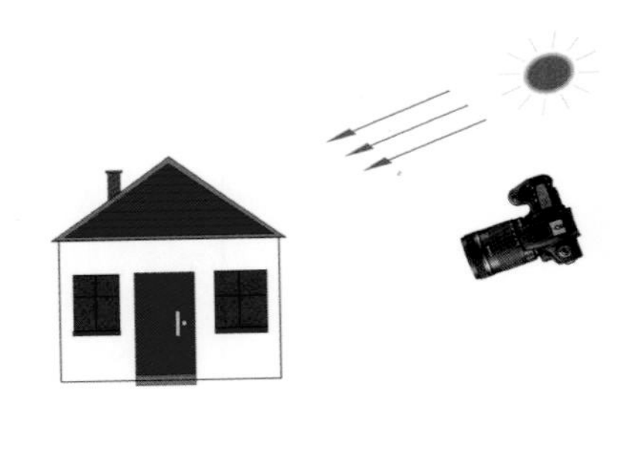

利用顺光拍摄建筑的示意图

17mm f/8 1/600s ISO 100

利用顺光拍摄城市建筑，可以使城市建筑的幕墙展现得更加通透、明亮，极具现代感

24mm f/6.5 1/200s ISO 100

利用顺光拍摄古典建筑，可以使古典建筑的色彩充分地展现出来，让画面更吸引人

17mm f/8 1/600s ISO 100

利用顺光拍摄古典建筑的局部特写画面，可以使建筑局部的质感、色彩等细节充分地表现在画面中

10.2 侧光展现建筑的空间立体感

侧光具有很强的造型效果，在拍摄建筑题材的照片时非常适用。

通常，侧光能够使建筑主体呈现出强烈的明暗对比效果，这样就可以将建筑主体的结构和质地更为鲜明地展现在画面中，而侧光使建筑产生的阴影区域也增加了画面的空间立体效果。

在拍摄建筑照片时，我们可以利用侧光拍摄城市建筑，但古典建筑更适合侧光拍摄。现代建筑设计的造型通常都比较简单，并且外墙都设计为反光玻璃，这样会相对减小侧光所带来的明暗反差效果，而古典建筑在造型上更像是艺术品一样，给人厚重、文艺的感觉，侧光拍摄所具有的优点可以完全展现在古典建筑上面。

利用侧光拍摄的建筑

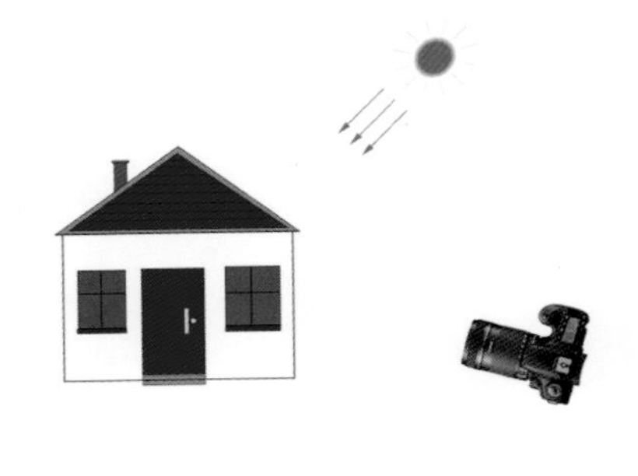

利用侧光拍摄建筑的示意图

 16mm  f/8  1/400s   200

利用侧光拍摄庄严的古典建筑建筑所呈现的阴影区域增加了画面的空间立体效果

20mm f/6.5 1/500s ISO 200

利用侧光拍摄造型精美华丽的古典建筑，侧光所带来的明暗对比增加了画面空间感，同时也使画面更有气氛

10.3 侧逆光营造建筑的画面感

在拍摄建筑照片时，侧逆光也是经常会用到的光线，利用侧逆光拍摄建筑，能够使建筑主体显现出光亮面积少、阴影面积的效果，这样不仅可以使画面的层次感和立体感得到体现，还可以让画面表现得更有气氛。

需要注意的是，侧逆光有着侧光和逆光两种光线的特点，尤其是逆光，在拍摄时，我们应该选择太阳角度不高的时候拍摄，比如上午太阳刚升起时，或是下午3点之后，这些时间段的太阳光线不是很强烈，可以避免强烈的光线破坏画面，同时也可以保护镜头不被强光损伤。

利用侧逆光拍摄的建筑

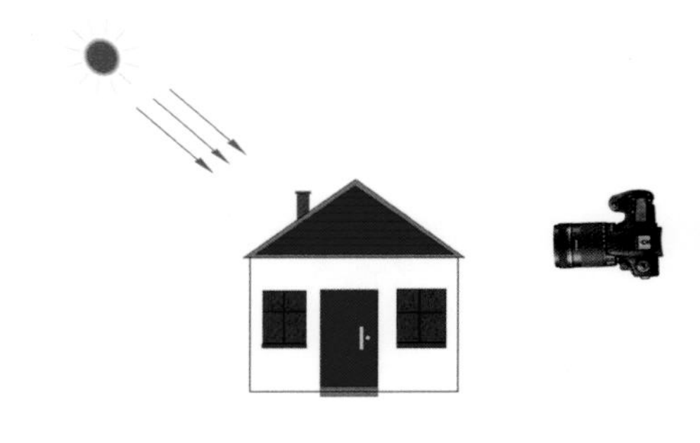

利用侧逆光拍摄建筑的示意图

24mm　f/8　1/320s　ISO 100

在拍摄城市建筑时，侧逆光可以使建筑表现得更有立体感，同时还可以增加画面的气氛，让画面更吸引人

16mm f/8 1/100s ISO 400

在太阳落山时利用侧逆光拍摄雄伟壮丽的万里长城，可以营造出迷人的画面气氛

10.4 在日出和日落时拍摄建筑的剪影

在一天的光线变化中，日出和日落时的光线往往是最迷人的，此时光线并不是很强烈，我们甚至可以用肉眼直视太阳，而此时因为色温比较低，光线也形成迷人的金黄色，并且将天空和建筑也都照射成金黄色，画面非常迷人。

在日出和日落时拍摄建筑，我们常会使用逆光来展现建筑的剪影效果，通过剪影来勾勒建筑的造型之美。需要注意的是，想要使剪影效果更加明显，我们可以将相机的测光模式设置为点测光，然后针对天空中比较亮的部分进行测光，这样就可以保证天空曝光正常的同时，压暗逆光环境下的建筑主体，让画面表现得更有艺术魅力。

利用逆光拍摄的建筑

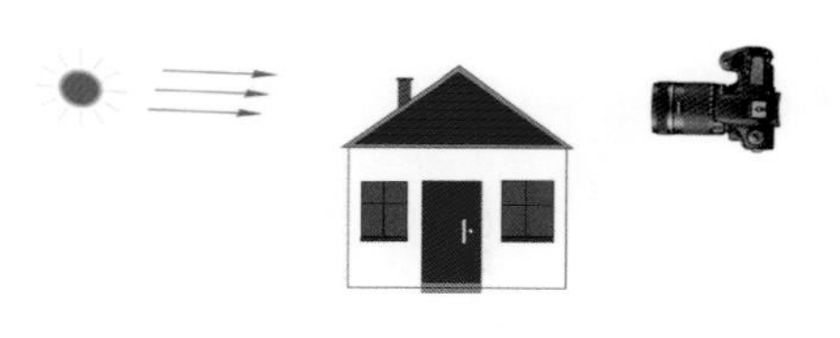

利用逆光拍摄建筑的示意图

对画面暗部区域进行测光拍摄的效果

对画面亮部区域进行测光拍摄的效果

200mm
f/8
1/500s
ISO 100

利用长焦镜头拍摄古典建筑的特写画面，逆光所形成的剪影效果增加了画面的神秘感

20mm f/8 1/400s ISO 200

利用逆光形成的剪影效果拍摄城市建筑，错落有致的建筑剪影同样可以展现城市的繁华

160mm f/8 1/500s ISO 200

拍摄正在施工中的建筑时，逆光剪影效果将杂乱的场景变得更为简洁，同时也增加了画面的气氛

10.5 利用现代建筑的玻璃反光拍摄

摄影创作就是一种发现美并且记录美的过程，美的形式也是多种多样的，当然在拍摄现代建筑时，利用建筑的玻璃反光拍摄的美景，也同样包括在这种美的形式中。

现代建筑的一个很重要的特点就是在其表面会使用大面积的玻璃材质，而这也成为现代建筑的标志，带有浓浓的现代感。因此，在拍摄现代建筑时，我们不能忽略的就是利用现代建筑表面的玻璃元素，而这些玻璃往往也会映出其周围的景物，比如映出旁边的建筑或是天空的云彩等，这些都是很好的拍摄画面。

在利用现代建筑的玻璃反光进行拍摄时，我们可以寻找适当的角度，使所拍建筑的玻璃表面映出周边的其他景物，同时适当提高相机内的锐度和对比度等，可以让这种反光效果更明显，得到更吸引人的画面。

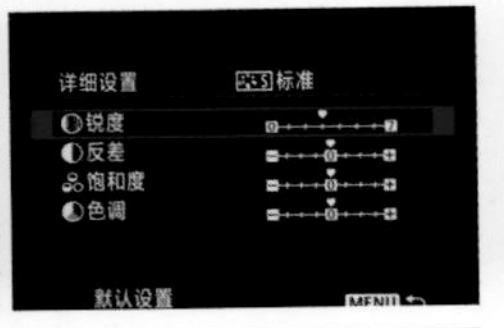

在佳能相机中，可以在照片风格设置中对画面的锐度、饱和度等进行设置，以此让反光效果更加明显

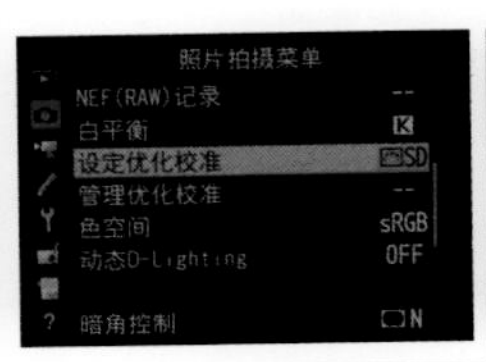

在尼康相机中，可以在设定优化校准中对画面的锐化、对比度等进行设置，以此让反光效果更加明显

120mm f/8 1/600s ISO 200

拍摄现代建筑的幕墙时，玻璃映出的云彩增加了画面的吸引力，而阶梯式的造型也增加了画面的立体感

100mm f/6.5 1/800s ISO 100

拍摄现代建筑的幕墙时，明亮的玻璃将旁边的古典建筑映出来，增加了画面的趣味性和吸引力

10.6 利用水面形成的倒影拍摄建筑

在拍摄建筑照片时，我们不光可以利用建筑的玻璃反光进行拍摄创作，还可以利用建筑周边的水面倒影一起构图。

当遇到周围有水的建筑时，我们要善于发现倒映在水中的建筑影像，并且可以结合建筑实体进行构图拍摄，当然，最适合的构图方式就是对称式构图，水面倒影和实体建筑的结合，一虚一实相互映衬，可以让画面更加丰富有趣。当然，也可以只选择建筑的倒影拍摄，虚幻的影像可以形成另外一种独特的风格。

另外，我们所说的建筑周围的水域，不光是指湖水、水池等，还可以是大雨过后地上的小水洼，将小水洼倒映出的建筑构建在画面中，也会是一幅不错的作品。

80mm
f/5.6
1/400s
ISO 100

拍摄水面建筑的倒影，由于水面不平静，映出的建筑画面非常抽象，画面极具吸引力

70mm
f/8
1/200s
ISO 100

将水面倒映出的建筑与实体建筑相结合拍摄，一虚一实，让照片更加新颖有趣

30mm f/11 1/160s ISO 100

利用水面倒映出的建筑进行构图拍摄，平静的水面将建筑的色彩也清晰地倒映出来，对称式构图让照片具有一种对称的几何美感

10.7 选择晴天或是有云彩的天气拍摄

在拍摄建筑题材的照片时，晴天是最佳的拍摄时间，我们可以利用晴天时的蓝天作为背景，使建筑主体表现得更为突出，画面也会显得更加简洁。如果天空中有一些云彩，还可以使画面表现得更为自然生动。

在晴天时拍摄，不光有美丽的蓝天作为背景，晴天时的光线也可以让我们拍摄出不同效果的照片。由于晴天没有厚重的云彩遮挡阳光，光线直接照射在建筑物上，从而使建筑产生不同的光影，我们便可以从不同的拍摄角度进行拍摄，从而得到更多的效果。比如利用顺光拍摄，表现建筑的色彩，或是利用侧光拍摄，表现建筑的立体感等。

需要注意的是，晴天的光线属于直射光，光线直接照射在建筑物上，我们要尽量避开在中午时分拍摄，因为那时太阳正处在顶光位置，光线的照射强度非常大，不易得到满意效果。

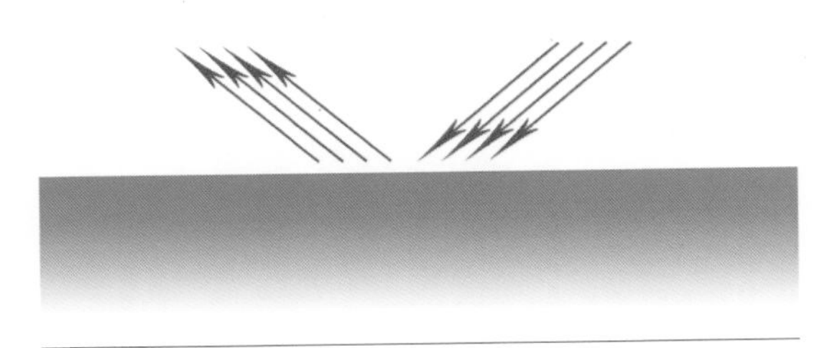

晴天环境下的直射光示意图

 200mm  f/5.6 1/600s ISO 1000

在晴天时拍摄建筑，蔚蓝的天空可以将建筑很好地凸显出来，画面简单、干净，非常吸引人

16mm f/8 1/500s ISO 100

在晴天拍摄故宫时，天空中的一些云彩让照片更加生动，层次更丰富

28mm f/8 1/400s ISO 100

在拍摄现代建筑时，利用多云的天空当作背景，可以使画面表现得更有动感

10.8 在阴天时拍摄建筑

阴天的光线条件一般来说不适合拍摄建筑照片，因为此时的天空会显得暗淡无光，整个画面的色调也较为单一，并且阴天时的光线穿过云层后形成的柔和散射光，不会使建筑产生明显的阴影，也就不能很好地表现建筑的立体感。

但恰恰是这种天气条件，却很适合表现建筑的造型细节，以及表现画面的平静、和谐、安稳，可以将建筑以更加细腻、柔和的方式展现出来。

阴天环境下的散射光示意图

90mm f/6.5 1/400s ISO 100

在阴天时拍摄颐和园中的建筑，由于没有强烈的光线照射，画面给人一种平稳、安静的感觉

80mm f/7.1 1/320s ISO 1000

在阴天环境下拍摄著名的徽派建筑，可以带给人们一种和谐、平静、自然的画面效果

10.9 在雨后拍摄建筑

雨天拍摄总是给我们带来很多不便，不过雨后拍摄建筑也会拍摄出另一番味道。

刚刚下过雨后，空气中微小颗粒的污染物会被雨水冲掉，空气会显得很透彻，而雨水也会将建筑的外表冲刷一遍，建筑主体也会显得干净，建筑的色彩也会显得更为饱满。当一场大雨过后，拿起我们的相机外出拍摄，可以得到效果很好的建筑照片。

另外，湿滑的地面所具有的反光效果会将建筑倒映在水中，我们可以将水中的建筑倒影构建在拍摄画面中，让画面显得更加有趣。

16mm
f/7.1
1/400s
ISO 100

在雨后拍摄故宫，可以得到非常透彻的画面效果，建筑的色彩也表现得很饱满

35mm
f/6.5
1/320s
ISO 100

拍摄雨后的水乡小镇，画面显得非常干净，给人一种舒适、自然的画面感

10.10 在雪天拍摄建筑

雪天绝对是拍摄建筑的大好时机，尤其是对于那些红墙黄瓦的古典宫廷建筑来说，白色的积雪会和建筑的色彩形成对比关系，并且会将建筑的色彩映衬得更加鲜艳，同时还会使画面如诗如画。

在拍摄雪景中的建筑时，我们应该注意曝光补偿的控制，要遵循“白加黑减”的原则，适当地增加曝光补偿让雪显得更加洁白，从而画面会更加干净简洁。

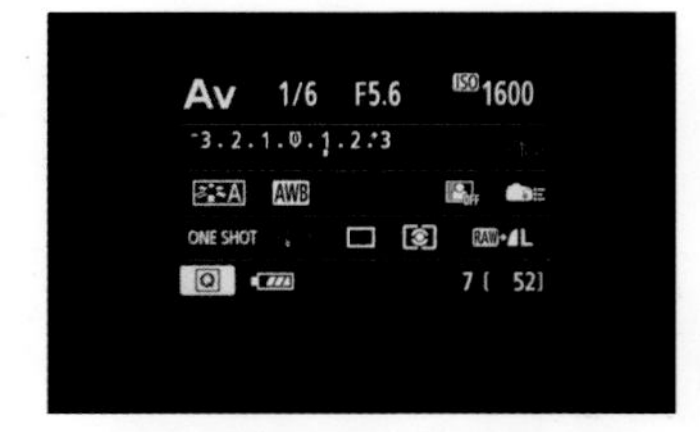

佳能相机中的曝光补偿设置

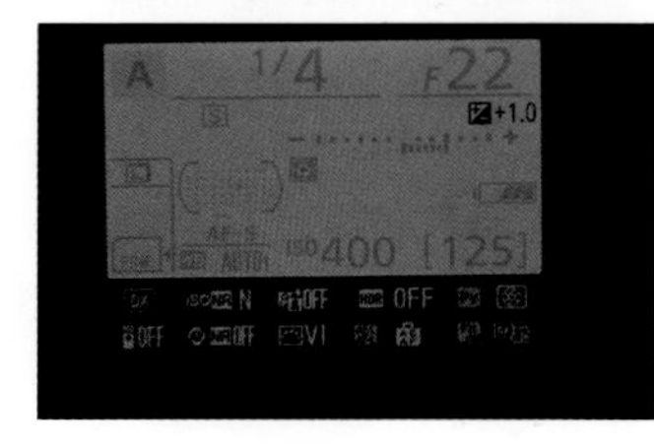

尼康相机中的曝光补偿设置

另外，下雪之后我们应该抓紧时机拍摄，如果天气温度不是很低，雪可能会融化，而如果太晚出去拍摄，地面很可能会出现杂乱的脚印，这样会影响画面效果。

未增加曝光补偿拍摄的雪景建筑

增加1EV曝光补偿后拍摄的雪景建筑

65mm f/8 1/500s ISO 100

拍摄雪中的故宫时，适当增加曝光补偿可以使雪展现得更加洁白，画面显得干净、明亮

10.11 在雾天拍摄建筑

在雾天拍摄建筑，会使建筑若隐若现，给人一种神秘感。虽然雾气会使画面表现出朦朦胧胧的效果，但相较于晴天，浓浓的雾气还有遮挡杂乱物体的作用。雾中的建筑往往是近景清晰，中景朦胧，远近模糊，这样可以使画面产生丰富的层次感。另外，如果结合浓雾拍摄古典建筑，还会使画面产生有浓厚中国风味的水墨画效果，让画面更有意境。

在实际拍摄时，由于雾天不好对焦，我们可以把相机设置为手动对焦，通过转动对焦环并用眼睛观察对焦情况，得到清晰的雾景建筑照片。另外，拍摄朦胧雾景时，因为能见度不高，为了有足够的景深效果，我们可以将光圈调整为f/8或f/11，以便得到大景深的照片。如果光线环境太弱，快门速度过慢，我们还需要使用三脚架稳定相机拍摄。

佳能相机中的手动对焦设置

尼康相机中的手动对焦设置

28mm f/11 1/400s ISO 100

在拍摄万里长城时，远处的山雾使长城若隐若现，增加了长城的神秘感

85mm f/8 1/500s ISO 200

在雾中拍摄充满现代感的都市建筑，可以增加画面的气氛

第11章

环境光下的人像摄影

在环境光下拍摄人像照片与在光照充足的自然光下拍摄人像照片相比有着不同之处，通常，环境光中的光照并不是很充足，所以在拍摄上与自然光相比就相对复杂一些。

在我们的日常生活当中，并不会配备影棚里那些专业的灯光设备，所以在拍摄人像照片时，就要格外注意环境中光线的变化。下面，为大家介绍一些在环境光下应该注意的人像摄影用光技巧。

11.1 拍摄人像时要对人物面部测光

在人像摄影中，人物面部的表现力是非常重要的，尤其是在复杂的光线环境中，如果照片中人物脸部没有得到很好的表现，那么即使是人物其他身体部分得到很好的曝光，这张照片也不能成为好的人像作品。因此在拍摄时，我们要尽量针对人物的脸部进行测光，这样就可以使人物脸部获得准确的曝光，从而使其看起来更加漂亮，同时还能更为准确地表现出人物的神态和心境。

另外，相机的对焦点位置和测光位置通常都是在一起的，所以在拍摄人像照片时，我们可以对人物的眼睛进行对焦拍摄，因为眼睛是心灵的窗户，将人物的眼神表达出来，会让照片充满吸引力。

对人物脸部进行测光拍摄，使人物脸部得到很好的曝光效果

85mm f/2.8 1/600s ISO 200

在光照并不充足的环境光下拍摄美女人像，使用相机的点测光对人物脸部进行测光，可以使人物在画面中更吸引人，人物脸部的表情可以得到完美呈现

60mm f/2.8 1/200s ISO 400

在室内拍摄玩耍的孩子，对孩子的脸部进行对焦拍摄，可以将孩子天真可爱的表情清晰呈现在画面中

50mm f/2.8 1/400s ISO 200

在图书馆拍摄美女人像时，对人物脸部进行测光拍摄可以使其脸部细节得到突出体现

11.2 人物面部光线较暗如何处理

在拍摄人像照片时，我们还会遇到人物脸部光线较暗的情况，这样很容易造成画面中的其他景物曝光准确，而人物脸部却显得暗淡无光，缺乏立体感，并且皮肤也不够白皙。此时，我们可以借助闪光灯或反光板为人物的面部补光，从而提亮人物面部。

另外，为了使补光效果更加自然，拍摄者在使用反光板或闪光灯时，还要注意与模特之间的距离，把握好光线的强度，以避免由于光线过强造成生硬的画面效果。

11.2.1 利用反光板为人物补光

在光线并不充足的环境光中，如果使用反光板为人物补光，就要找准可以反射的光源，可以是某一处充足的自然光线，也可以是人工的照射灯，控制好光源反射的方向，对准人物脸部就可以了。反光板携带非常方便，价格也比较便宜，是拍摄人像时非常重要的补光工具。

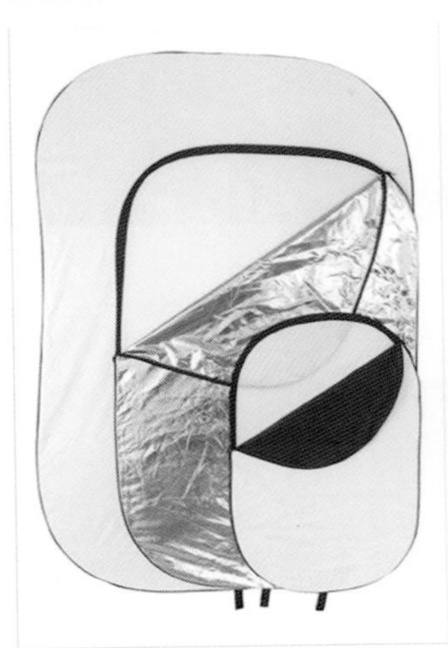

不同型号的反光板

在光线不佳的环境中，人物脸部受光不充足，显得很暗

利用反光板补光后，画面显得更亮丽，人物肤色也更白皙

85mm
f/6.5
1/200s
ISO 100

模特坐在咖啡厅内，脸部受光不是很均匀，利用反光板反射窗户的光线为模特补光，使模特的脸部以及其他部分在画面中展现得更加亮丽

11.2.2 使用闪光灯为人物补光

在使用闪光灯对人物进行补光的时候，我们需要根据当时的光照条件调节闪光灯的闪光强度。特别要注意的就是尽量避免直接使用强度很高的闪光光线为人物补光，因为这样会导致所拍摄出来的画面生硬、不自然。而为了使闪光光线变得更加柔和，可以通过给闪光灯加装柔光罩的方法进行拍摄。

闪光灯光线太强，会使得到的画面生硬、不自然

加装柔光罩的佳能相机闪光灯

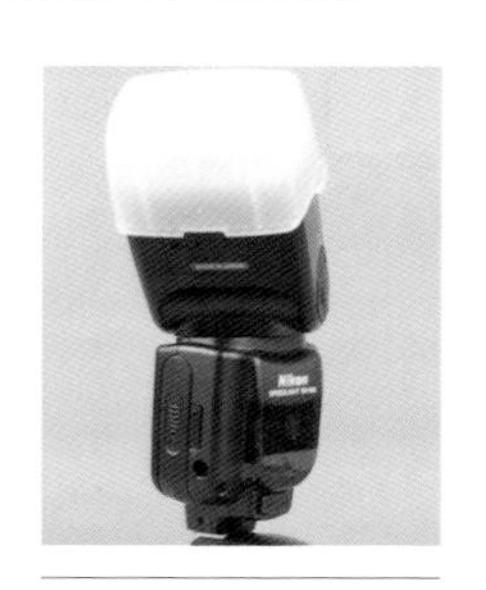

加装柔光罩的尼康相机闪光灯

105mm f/4 1/120s ISO 1600

在夜晚拍摄人像照片时，通过减小闪光灯闪光强度进行拍摄，可以使人物在画面中表现得更加自然

11.3 巧妙利用大飘窗的光线拍摄人像

在室内环境光下拍摄人像，很少有人拥有影室里那些齐全的布光设备，而大部分室内的光照条件也不是很好，所以在拍摄时我们就要留意周围的光线，如果是在白天，我们可以选择靠近窗户的位置拍摄，利用窗外的光线作为主要光源，让人物受光更加充足。

11.3.1 浅色的纱帘可充当柔光布

将模特安排在大飘窗的位置，窗外照进来的光线会将模特照亮，但有时窗外的光线太强烈，也太过刺眼，会影响画面的曝光。在这种情况下，我们可以利用窗户上的纱帘作为道具，来遮挡强烈刺眼的阳光，纱帘就像柔光布一样，对窗外强烈的光线起到柔化和过滤的作用。

不过，如果是在逆光或是侧逆光的位置拍摄模特，我们需要使用反光板或是一些辅助光源对人物正面进行补光，以保证人物在画面中得到更好的呈现。

50mm f/5.6 1/200s ISO 200

在室内拍摄模特时，让模特站在明亮的窗子旁，并用纱帘遮挡住窗外的强光，使画面中的光线很柔和，而纯色的纱帘也使画面表现得很干净、整洁，模特在画面中表现得很文艺

85mm f/4 1/400s ISO 100

让模特靠近窗户拍摄，从窗外照射进来的光线会使模特脸部受光充足，同时浅色的纱帘也起到很好的柔光作用，让照射在模特脸上的光线很柔和

11.3.2 选择合适的光位

在室内拍摄人像时，我们常会使用顺光或是斜侧光拍摄，因为这两个光位在表现人物的表情、情绪、皮肤等细节上会更加出色一些。我们应该尽量避免使用逆光或是侧逆光拍摄，尤其是在光线非常强烈的时候，室外光线会与室内昏暗的光线形成反差，使拍摄时的测光变得复杂，甚至出现画面细节丢失的结果。

不过，想要得到逆光拍摄人物的清晰效果，要注意人物脸部的测光，如果有条件我们可以利用反光板等辅助工具对人物进行补光，以得到人像主体清晰的照片。

85mm
f/4
1/280s
ISO 200

从窗户外边拍摄室内的模特，通过顺光的位置使模特受光非常充分，模特的表情、动作在画面中表现得很清晰、自然

55mm
f/5.6
1/500s
ISO 100

让模特站在靠窗的位置，并利用顺光拍摄模特，可以使模特脸部受光很充足，面部特征可以得到很好的表现

11.4 借助烛光拍摄人像

在室内拍摄人像照片时，还有一个光源是不可错过的，就是蜡烛。蜡烛陪伴我们人类的时间比电灯要长，而且它还会给画面带来浓厚的现场感。在如今的生活中，生日聚会、烛光晚餐、家庭照明等也都会用到蜡烛。

11.4.1 调整曝光补偿，避免脸部过度曝光

在复杂的灯光环境下，室内的景物受光会很不均匀，如果测光没有掌握好，很可能出现人物主体曝光过度的现象，试想一张曝光过度的生日聚会照，势必会成为一大遗憾。在拍摄时，我们应该及时回看一下照片，如果出现曝光过度的现象，应该调整曝光补偿，减少1～2挡的曝光补偿来避免人物脸部的曝光过度。

另外，在关闭室内灯的情况下，如果蜡烛发出的光线很微弱，难以表现画面的主体，我们可以通过相机的闪光灯为画面补光进行拍摄。

85mm
f/4
1/500s
ISO 400

在光线比较复杂的环境中拍摄时，最好使用相机的点测光，如果画面出现曝光过度的现象，可以通过减少曝光补偿来控制画面的曝光

11.4.2 安排好蜡烛的位置，以保证人物面部的亮度

蜡烛与电灯相比更容易移动，我们可以根据环境条件，适当地安排好蜡烛的位置，结合模特的动作，利用烛光为模特脸部补光。如果是插在生日蛋糕上的蜡烛，应该让过生日的寿星离蜡烛近一些，在保证安全的情况下让烛光将其脸部照亮。

105mm
f/4
1/60s
ISO 200

将蜡烛顺着模特脸部的方向摆放，使模特的脸部受光更多一些，而画面的阴影区域与画面的受光区域形成的明暗对比效果，使画面气氛更加浓厚

11.4.3 暖色调营造画面气氛

烛光的色温有1800K左右，所以拍摄的画面会呈现一种暖色调效果，并且会渲染它能照亮的景物。我们在拍摄人像时，可以多摆放一些蜡烛，使烛火照射的范围更大一些，这样画面中的暖色调气氛会更加强烈。

现如今的生活中，最常见到的蜡烛就是生日蛋糕上的蜡烛，并且大多都有很多根，将它们全部点燃后，烛光照射的范围会更广，并且会照亮周围的景物，营造出一种浓厚的暖色调氛围。

85mm
f/2.8

1/200s
ISO 200

将插满蜡烛的蛋糕放在小女孩面前，女孩的面部被烛光点亮，面部表情及其细节轮廓清晰地呈现在画面中，将整幅画面渲染得很有气氛

11.5 室内复杂光线环境下拍摄人像

在拍摄人像时，室内的光线与室外的光线相比要多变、复杂得多。白天的室内光线会随室外自然光线的变化而产生变化，而在夜晚，室内光线则会受到复杂的室内灯光影响。如果是在家中的柔光灯照射下，光线情况还相对比较简单，但如果是在餐厅或是酒吧等地方，光线就复杂多了，这对我们的拍摄会产生一定的干扰。

11.5.1 适当提高相机的感光度以保证画面清晰

当室内的光照环境比较暗淡，光线不是很充足时，我们可以提高相机的感光度，来提高画面的亮度和快门速度，以保证画面的清晰。

感光度是指数码相机中感光元件的感光能力，感光度越高，感光元件对光线越灵敏；感光度越低，感光元件对光线的灵敏度也就越低。需要我们注意的是，感光度不能一味地提高，因为感光度越高，越容易出现噪点，如果噪点过多，会对画面质量产生影响，但一般情况下，适当地提升感光度并不会产生很多噪点。

200mm f/4.5 1/400s ISO 800

拍摄演唱会里的人物画面，为了使人物在画面中表现得更加清晰，我们可以适当提高相机的感光度，以便提高相机的快门速度

120mm f/2.8 1/600s ISO 1800

拍摄夜店人们跳舞的画面，我们可以适当提高感光度来得到一个安全的快门速度，以便清晰地记录下人们欢乐的瞬间

11.5.2 选择合适的位置，以保证人物面部光照均匀

除了提升相机的感光度来保证画面的清晰外，我们还要注意观察周围的环境，结合环境光源作为辅助光来拍摄。

如果是在白天，我们可以让模特挨着门窗，利用窗外的光源对模特进行补光。如果是在晚上，可以选择屋顶的灯、反光的桌子或是酒吧和餐厅里一些闪光的装饰性事物作为补光工具，以保证人物面部受光更加均匀。这样，也避免了一味地提升感光度所产生的噪点。

35mm
f/5.6
1/400s
ISO 100

让模特站在靠窗的位置并望向窗外，使窗外的光线照在模特的脸上，将模特的面部特征很好地展现在画面中，画面非常清晰

50mm
f/2.8
1/200s
ISO 400

夜晚拍摄人像时，如果光线较弱，可以利用模特手中亮起的手机为模特的脸部补光，使面部表情等细节可以清晰地表现在画面中

85mm
f/4
1/500s
ISO 200

室内拍摄美女人像时，可以充分利用镜子对光线反射的特点为模特补光，此时，对镜中的人像进行对焦拍摄，可以得到受光均匀的画面，同时也增加了画面的趣味性

11.6 夜晚适合拍摄什么类型的人像

在夜晚拍摄人像时，既可以从霓虹闪烁的都市气息入手，拍摄一些具有妩媚姿势和另类现代感的人像照片，也可以从夜晚的宁静入手，拍摄一些具有孤独冷峻气质的人像照片。

在实际拍摄时，由于夜晚的光线较为昏暗，因此我们可以通过适当提高感光度的方法来增加照片的亮度，但是感光度不要设置得过高，否则照片中会出现较为明显的噪点。

此外，闪光灯和三脚架也是夜晚拍摄人像的利器，拍摄者可以使用闪光灯照亮人物主体，同时为了能够通过较慢的快门速度使背景获得更为充足的曝光，拍摄者还需要依靠三脚架来稳定相机。

35mm
f/5.6
1/200s
ISO 600

灯火通明的城市夜景，很好地衬托出模特妩媚性感的画面效果

11.7 在夜晚拍摄人像需要哪些设备

在拍摄夜景人像时，由于光线通常较为昏暗，因此三脚架是必不可少的器材。通过使用三脚架，可以大幅提高相机的稳定性，即使是在使用安全快门以下的快门速度进行拍摄时，也不会因为相机的抖动造成画面的模糊。

夜晚光线不足，闪光灯也是不可或缺的照明设备。通过使用闪光灯，拍摄者可以在人物脸部光线比较暗淡的时候对人物面部进行补光，从而让拍摄效果更加理想。

除了三脚架和闪光灯以外，我们还可以带上大光圈的镜头，大光圈镜头可以呈现出漂亮的虚化效果，同时较大的光圈还可以保证相机的进光量，以便得到画质更高的照片。

另外，我们还可以带上反光板，利用反光板反射环境中的强光对人物进行补光，可以使人物的皮肤色彩表现得更加均匀自然。

佳能相机几款适合拍摄夜景人像的大光圈镜头

佳能50mm定焦镜头
EF 50mm f/1.2 USM

佳能长焦镜头
EF 70-200mm f/2.8L IS USM

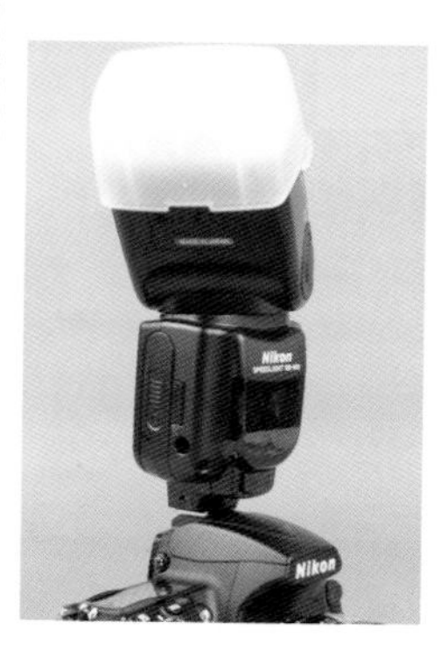

加装柔光罩的尼康相机闪光灯

加装柔光罩的佳能相机闪光灯

尼康相机几款适合拍摄夜景人像的大光圈镜头

尼康50mm定焦镜头
AF-S 尼克尔 50mm f/1.4G

尼康长焦镜头
AF-S 尼克尔 70-200mm f/2.8G ED VR II

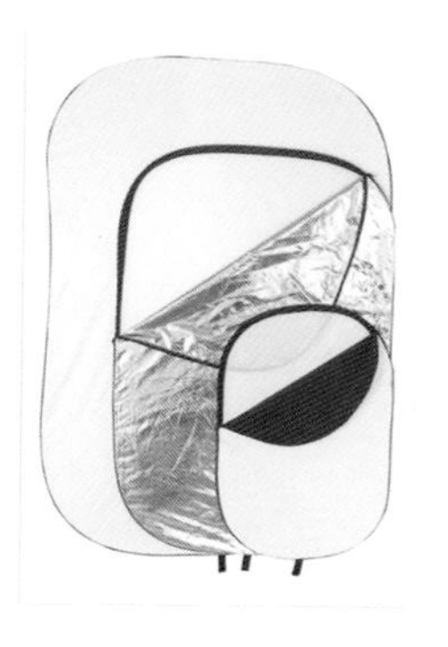

不同型号的反光板

三脚架

11.8 哪些地方适合拍摄夜景人像

在拍摄夜景人像时，由于夜晚的光线不足，无法与白天的自然光线环境相比，因此在夜晚拍摄时我们要尽量选择光线较为充足的地方作为拍摄地点，比如繁华的商业街、店面展示窗前、有路灯的路边等，利用这些人造光源发出的光线对人物进行拍摄，以便得到清晰明亮的照片。

另外，在夜晚拍摄时，通过选择那些具有大量点光源的景物作为背景，还能够在虚化背景的同时营造出颇具梦幻感的光斑效果，如此便能在画面中进一步彰显出色彩斑斓的夜景之美。而利用人造光源拍摄夜景人像，本身就可以赋予画面一种自然光线无法给予的画面气氛。

85mm
f/2.8
1/80s
ISO 400

将夜晚的大街作为拍摄背景，可以增添画面的梦幻色彩

50mm f/4 1/120s ISO 500

将商城的LED屏作为背景，由于被虚化的原因，LED屏产生了一种很有规律的光斑效果，同时也衬托出了人物主体

50mm
f/2.8
1/200s
ISO 800

在放孔明灯时，利用孔明灯发出的光线拍摄人物，使人物面部可以清晰地呈现在画面中，而人物和孔明灯的结合也让画面的故事性增强

85mm
f/2.8
1/120s
ISO 200

在光线充足的餐厅中拍摄人物，可以使人物细节展现得很充实，窗外背景的光源也形成了迷人的光斑效果

11.9 在酒吧和咖啡厅拍摄人像

酒吧和咖啡厅通常具有浓厚的都市生活气息，因而很适合拍摄那些体现都市情调的人像照片。不过由于这些场所内的布置通常较为杂乱，因此拍摄时我们要格外注意构图的简洁性。同时，配合独具特色的灯光和酒杯、咖啡杯等物件，还可以更好地传达出人物的情绪和场景本身所特有的情调。

此外，我们还要注意在昏暗的场景里尽量找到合适的光源，或者直接利用闪光灯为人物补光。如果拍摄时的快门速度过慢，我们还要防止相机抖动导致画面模糊，可以利用三脚架或是桌子等周围的物体稳定相机拍摄。

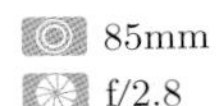

85mm
f/2.8
1/280s
ISO 200

在光线充足的咖啡厅中拍摄人物，可以使人物细节展现得很充实，画面非常亮丽

70mm
f/4
1/120s
ISO 400

在酒吧里拍摄人物时，让人物靠近吧台，借助吧台的灯光拍摄，使画面表现得很有气氛

11.10 利用夜晚的街道拍摄人像

在利用街道拍摄人像时，可以通过繁华的街道景物凸显出人物的都市气息。

在拍摄时，我们可以采用较浅的景深来突出人物主体，通过浅景深的虚化效果让杂乱的街道背景变得更加简洁、明快，如果背景中有一些点光源，比如车灯、路灯等，还可以将它们虚化成迷人的光斑。此外，我们可以以人流或是车流作为背景，让主体站立不动，然后使用较慢的快门速度进行拍摄，以便使主体在画面中得到清晰的成像，而车流或是人流形成动感的虚化效果，营造出一种动静结合的画面气氛。

85mm
f/2.8
1/80s
ISO 100

在大街上拍摄人像，利用大光圈虚化掉杂乱的背景，使背景中的一些点光源形成迷人的光斑效果

50mm
f/4
1/60s
ISO 100

在街道上拍摄人物，使用较慢的快门度拍摄，得到人物清晰而车辆和人流虚化的效果

11.11 利用商场中的环境光拍摄人像

利用商场环境拍摄人像时，首先应该注意景深的控制，要尽量避免背景过于杂乱。商场和酒吧、咖啡厅等场所一样，都属于比较杂乱的拍摄场所，我们需要灵活地进行取景构图，将杂乱的场景避开，以便突出人物主体。

可以使用光圈较大的镜头拍摄，将杂乱的场景虚化掉，也可以利用一些特殊的拍摄角度得到简洁的画面，比如俯视拍摄人物、靠近人物主体拍摄或是找一些顾客少的场景拍摄等，还可以选择一些玻璃橱窗或是别具一格的商场角落拍摄。

50mm
f/4
1/200s
ISO 400

通过靠近人物主体拍摄得到构图简洁的画面，利用商场中的光线对人物进行补光，使其脸部细节清晰地表现在画面中

50mm
f/1.8
1/120s
ISO 400

在商场中拍摄人像，通过大光圈将杂乱的背景虚化掉，人物主体表现得更为突出

50mm f/2.8 1/200s ISO 100

在商场中拍摄人物时，利用大光圈将杂乱的背景虚化掉，可以得到简洁的画面效果，同时大光圈也使人物表现得非常靓丽

11.12 拍摄夜景人像中迷人的光斑

在拍摄夜景人像时，想要得到背景是光斑效果的照片并不是什么难事，方法也非常简单。

首先我们需要选择那些具有点光源的景物作为背景，比如路上的车灯、商城广告的LED灯或是街边的路灯等，这些点光源其实就是那些迷人的光斑。找到这些背景之后，我们可以使用镜头的大光圈拍摄人物，对人物主体进行对焦拍摄，也可以使用镜头的长焦段拍摄人物，或是靠近人物主体拍摄，来缩小画面的景深，以此达到虚化背景的效果，这样就可以将背景中的点光源拍摄成光斑效果了。

人物的背景只有零星的点光源，光斑效果不突出

通过变换拍摄位置，找到点光源较多的景物当作背景，得到的光斑效果很突出

85mm f/2.8 1/200s ISO 400

在拍摄有光斑效果的人像照片时，大光圈可以使得到的光斑形状更大，画面唯美浪漫

120mm f/4 1/200s ISO 200

迷人的光斑背景将画面衬托得很浪漫，同时清晰的人物与虚化的背景形成了虚实对比，将人物很好地凸显出来

11.13 拍摄夜景人像需要注意的事项

夜晚拍摄人像，对于刚刚接触摄影的朋友来说不是一件简单的事情，因为夜晚的光线杂乱、多变、不充足等原因，不容易拍摄到满意的照片。因此拍摄夜景人像时要更加注意画面的曝光、用光等技巧。

（1）借助周围环境光线拍摄时，一定要避免使用顶光或是底光，如果环境中只有这样的光线，我们可以尝试让人物变换姿势或是变换拍摄位置等来避开顶光或是底光，因为底光和顶光会使人物脸部产生明显的阴影。

利用街边的路灯拍摄人物时，路灯光线从人物头顶照下，使人物眼部出现阴影，影响了画面的美感

试着让人物抬起头，让路灯直接照在人物脸部，使人物脸部受光均匀，得到的画面效果有所改善

（2）如果相机快门速度过慢，一定要保持相机的稳定，夜晚拍摄时三脚架是必备的设备之一，将相机固定在三脚架上可以保证拍摄时的稳定，得到清晰的画面。如果没有带三脚架，也可以通过提高感光度的方式让快门速度提高一些，但要注意别把感光度调得太高，以免画面中出现太多的噪点。

由于快门速度过慢，轻微的抖动导致人物脸部有些模糊

保证相机拍摄的稳定，可以得到清晰的照片

（3）使用闪光灯适当为人物补光，以保证人物在画面中的清晰成像。有些环境即使我们提高感光度也得不到满意的画面，而且高感光度还会使画面产生很多噪点，这时我们不妨试试用闪光灯为人物补光进行拍摄，会得到意想不到的效果。

没有使用闪光灯拍摄，画面显得昏暗，并且有很多噪点

使用闪光灯拍摄，画面显得很亮丽，人物可以得到清晰的呈现

（4）使用闪光灯时不要让闪光灯的闪光直接朝向人物脸部，可以朝向周围能反光的事物，比如白墙、地板或是反光板等，还可以为闪光灯安装上柔光罩，以便得到柔和的光线效果。

为闪光灯装上柔光罩，或闪光灯朝向可以反光的物体为人物面部补光，可以得到清晰、柔美的画面效果

强烈的闪光灯直接朝向人物脸部闪光，使人物脸部的光照太过强烈而出现曝光过度，面部细节缺失

第12章

环境光下的风景——夜景拍摄

每当夜幕降临、华灯初上之时，喧闹了一天的都市披上一层神秘的面纱。夜晚的城市，没有了白天的纷繁芜杂，取而代之的是闪烁的霓虹、被拉长的车灯、弱光下朦胧的人影等。夜景的拍摄与白天景物的拍摄有很大区别。本章便从夜景拍摄的角度介绍在夜晚没有阳光照射的情况下，如何利用周围的环境光线拍摄城市夜景。

12.1 拍摄夜景的最佳时机与最佳时间点

我们这里所说的夜景拍摄主要包括城市夜景拍摄、车流拍摄以及星轨、光绘等的拍摄。对于这些拍摄题材，掌握最佳时机与最佳时间点至关重要。

通常情况下，在拍摄城市夜景或者夜景中的车流时，我们多会选择晴天或者多云天气，并且将拍摄时间安排在太阳落山后到天完全变黑这一时间段之内，也就是在太阳落山后大约半小时之内进行拍摄。之所以选择这一时间段，主要是因为这段时间中天空的颜色呈现出深蓝色或者绛紫色，照片色彩艳丽，画面更加精彩，并不会像夜晚的天空那般色彩阴暗。

拍摄星轨时，为了确保充足时间的曝光，我们多会选择在晴朗无云的天气，并将拍摄时间定在较晚的深夜，这时候，天空中星辰繁多，璀璨耀眼，拍摄出来的照片也会更加精彩。

至于拍摄光绘，对于天气要求倒不是很多，只需要保证充足的曝光时间便可。

100mm
f/18
1/18s
ISO 100

拍摄城市夜景时，选择太阳落山后半小时内拍摄，天空呈现的深蓝色与建筑灯光相结合，照片色彩更加丰富绚丽

12.2 辅助光体现作品细节

除了选择绝佳的时间之外，选择一处绝佳的拍摄地点也对照片有着至关重要的作用。

通常，在拍摄城市夜景或者城市车流时，为了拍摄出更为广阔壮观的城市景观，我们多会选择一处较高的位置进行拍摄。这一位置或者是天桥这一类略高出车流的位置，或者是城市中最高建筑的楼顶，在一些靠山的城市，我们还可以选择山上较高且视野开阔的位置，在条件允许的情况下，航拍也是很不错的选择。

当然，在一些临海的城市，拍摄夜景时，也可以选择较低位置，借助水面倒影进行拍摄。

拍摄星轨时，由于星轨拍摄中首先需要避开的就是地面光源的干扰，因此一般情况下，星轨拍摄多会选择在人烟稀少的高原、草原或者是地面光源较为稀少的乡下村庄进行。选择这些地方，一是可以避免光源污染，还有一点就是晴朗无云的夜晚，这些地方天空中的星辰繁多璀璨，很适合我们进行拍摄。

通常，拍摄光绘多会选择背景黑暗的地方，避免背景光源干扰光绘效果。但是，在拍摄一些简单图形的光绘时，还可以选择在灯光绚丽的建筑前的广场上进行，具体地点需要根据摄影创意来定夺。

16mm f/22 10s ISO 100

选择较高的位置俯视城市夜景，可以将城市夜景风光一览无余，照片更为精彩

12.3 拍摄夜景前的准备

与白天光线充足情况下拍摄不同的是，在拍摄夜景时，为了确保摄影过程顺利进行，需要在拍摄之前做以下几点准备。

12.3.1 稳定的三脚架

夜景拍摄的最大特点便是使用相机慢速快门进行长时间曝光，因此，若是手持相机拍摄，照片中的主体会模糊不清，为了确保拍摄出来的画面主体清晰，我们需要使用三脚架稳定相机。

24mm f/22 10s ISO 100

使用三脚架稳定相机，可以让长时间曝光的夜景照片更清晰

当然，若是没有来得及准备三脚架，我们还可以借助周围环境中存在的一些事物对相机进行稳定。比如，在拍摄时，可以将相机放在摄影包上进行拍摄，选用并不是很慢的快门速度时，可以借助周围护栏或者树木支撑，确保短时间内相机稳定。

三脚架

12.3.2 快门线

除了三脚架之外，夜景拍摄中，我们还常常会用到快门线，因此，在拍摄之前也需要准备一款适合自己相机机身的快门线。

选用快门线的原因主要有以下两点。

（1）将相机固定在三脚架上后，用手按下快门按钮的瞬间，相机会产生非常细微的抖动，导致照片模糊。将快门线连接到相机，通过快门线触发相机的快门，可以避免按下快门按钮时抖动产生的问题。

（2）通常情况下，相机中可以设置的最慢快门速度为30s，若是想要获得更慢的快门速度，我们便需要使用相机的B门拍摄模式，并借助快门线的快门锁定功能进行长时间曝光。因此，准备适合的快门线，也是为了在一些夜景题材拍摄中可以更为方便地进行拍摄。

快门线

17mm
f/22
40s
ISO 100

在拍摄星轨时，我们可以选择B门模式，并借助快门线完成更长时间的曝光

12.4 拍摄夜景第一步——得到清晰的画面

不论是夜景拍摄，还是其他题材拍摄，首先要做到的便是保证照片主体的清晰（需要达到特殊效果的除外）。接下来，我们简单介绍几点可以在拍摄夜景时提高照片清晰度的方法。

12.4.1 提高相机的感光度

夜景拍摄中，照片不清晰的主要原因就是快门速度过慢，手持相机拍摄时，手的抖动加上某些动态拍摄主体的运动，导致照片极其模糊。

为解决这一问题，我们可以提高相机感光度，提高快门速度，从而使照片画面清晰。

需要注意的是，随着感光度的提高，照片中噪点也会增加，在拍摄中，需要根据相机自身高感成像的质量进行具体设置，避免噪点太多影响画质。

50mm f/4 1/50s ISO 1600

增加感光度，可以在一定程度上使快门速度提高，从而使画面清晰

12.4.2 将光圈开到最大

夜景拍摄的最大问题便是光线不足，快门速度减慢，画面模糊。

除了提高感光度的方法以外，我们还可以调节光圈大小。具体操作时，将相机的光圈开到最大，可以在保证正确曝光的同时，获得较高的快门速度，从而使照片获得清晰的成像。

在实际拍摄中，为了获得更好的效果，一般情况下，我们会将这两种方法结合使用。

35mm
f/1.8
1/100s
ISO 1000

将光圈开到最大并增加感光度，可以保证手持拍摄时画面清晰

12.4.3 开启反光镜预升功能

夜景拍摄时，环境中光线较暗，为保证曝光准确，多会使用长时间曝光，这就导致相机的任何抖动都会一定程度地影响到画面的清晰度，画面锐度也会降低很多。

我们在前期准备时，准备的快门线就是为了避免手接触相机引起相机的抖动。另外，相机机身中反光板的起落也会一定程度地导致相机抖动，为解决这一问题，我们在拍摄时，可以开启相机的反光板预升功能，也叫反光镜预升。

所谓反光镜预升功能，简单来说，开启此功能时，相机的曝光过程分为两步，也就是想要完成拍摄，便需要按下两次快门按钮，第一次按下快门按钮，反光镜升起；再次按下快门按钮，相机进行曝光。这就极好地避开了反光镜抬起造成相机的抖动。

佳能相机反光镜预升功能设置菜单

尼康相机反光板预升功能设置拨盘

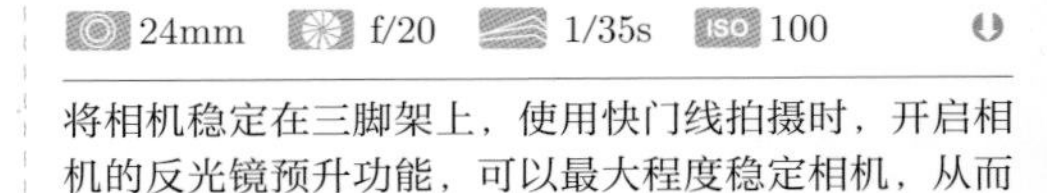

将相机稳定在三脚架上，使用快门线拍摄时，开启相机的反光镜预升功能，可以最大程度稳定相机，从而增加照片锐度

12.5 小光圈拍摄星芒效果

在拍摄夜晚城市灯光时，我们会发现，使用小光圈拍摄，场景中较为明亮的灯光会在画面中呈现出星芒效果。在实际拍摄中，我们可以借助这一特点，为画面营造出星芒璀璨的效果。

为了使画面中星芒效果更加明显，需要注意以下几点。

（1）尽量选择路灯密集的街道。拍摄星芒效果的夜景照片时，拍摄地点的选择非常重要。最好选择路灯较密集的街道进行拍摄，这样画面中的星芒比较多，画面会显得更加饱满。另外，当天空还没有完全黑的时候拍摄星芒照片，强烈的冷暖对比也会使照片产生更强的视觉冲击力。

（2）使用小光圈。拍摄星芒效果时，小光圈的使用是最关键的技术运用。这是因为光线在通过小光圈的镜头时发生了衍射，所以高光点周围形成了线条状的光芒。一般来说，使用f/11的小光圈拍摄时，画面中就开始产生星芒，更小的光圈形成的星芒会更明显。

（3）使用星光镜。星光镜是一种比较特殊的滤镜，其镜片雕刻着不同类型的纵横线型条纹。借助此滤镜拍摄夜景灯光时，场景中的灯光放射出特定线束的光芒，达到光芒四射的效果，从而增强了夜景作品的星芒效果。

星光镜，镜片表面雕刻着纵横线型条纹

18mm f/16 15s ISO 100

使用小光圈拍摄夜景中的点光源，可以为画面营造出星芒效果

12.6 灿烂烟花拍摄技巧

夜景拍摄之中，烟花是不可缺少的一类精彩题材。

为拍摄出精彩烟花作品，我们需要注意以下几点。

（1）提前寻找拍摄最佳位置。在节日夜晚拍摄焰火时，应提前做好准备工作，拍摄位置的选择直接影响着画面取景与最终效果。因此，拍摄者在拍摄之前，应找好并确定拍摄的位置，以保证晚上拍摄活动的顺利与高效。

（2）为保证较长曝光时间缩小光圈。为了获得较为准确的曝光，在使用慢速快门时，需要将光圈调小，如此一来，焰火的轨迹便可以更清晰、更长。

（3）使用B门模式进行拍摄。总体来说，烟花拍摄有着一定的不确定性，这种不确定是由烟花燃放时间不同引起的。因此，在拍摄时，为了更灵活地控制快门速度，我们最好使用B门模式进行拍摄。

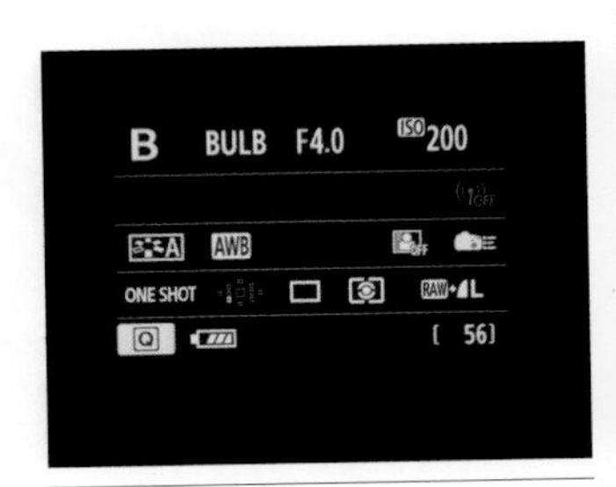

佳能相机B门模式

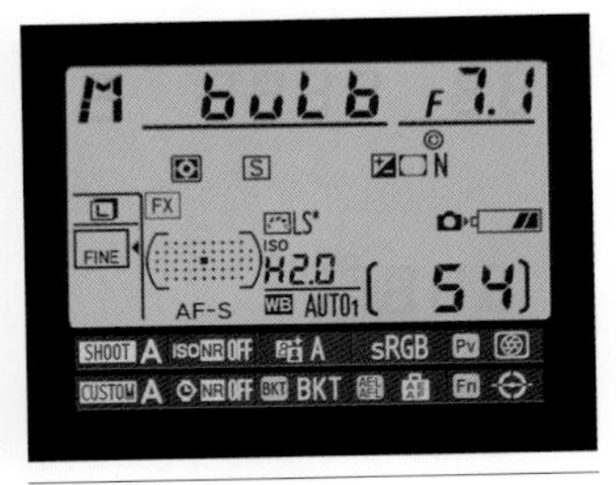

尼康相机B门模式

 30mm  f/7.1 B门 ISO 100

借助水面倒影拍摄烟花，照片色彩更加艳丽丰富

80mm f/8 B门 ISO 100

使用B门模式拍摄烟花，可以更为轻松地控制曝光时间，从而让拍摄更方便

12.7 流动的车灯拍摄技巧

夜景拍摄之中，无论是大街上孤寂的街灯、马路上繁忙的车流，还是商铺里闪烁的霓虹，都可以为拍摄带来无尽的惊喜。其中，使用慢速快门拍摄街道上的车流，可以在画面中形成一条条亮丽的车流轨迹，如同丝带般曼妙美丽。

为拍摄出精彩的夜景车流轨迹，我们需要从以下几点着手。

1. 设置10s～20s的快门速度

快门速度是拍摄车流光轨时最重要的技术设定，它决定了照片中光轨的长度以及连贯程度。如果快门速度太快，车灯在画面中形成的轨迹就会一段一段的不连贯。一般而言，当快门速度达到10s～20s时，车灯在画面中形成的线条会比较连贯、好看。

2. 选择车流量大的立交桥

车流光轨的拍摄中，拍摄地点的选择非常重要，一般情况下以下地点较为理想。

（1）选择车流量较大的立交桥作为拍摄对象。这样就要求拍摄的位置比较高，最好到立交桥对面的楼上进行拍摄。

24mm
f/18
15s
ISO 100

将快门速度设置为15s，照片中可以形成较为连续的车流轨迹

（2）选择十字形的交叉路口作为拍摄对象。十字形交叉路口的车比较多，拍摄出来的光轨线条更丰富、连贯，照片显得更加好看。

3. 选择有弧度的街道

拍摄车流光轨时，画面中会出现大量车灯留下的线条。这些线条应该遵循基本的摄影构图理论，在有一定规则的同时，最好能产生一定的弧度，从而使画面具有延伸性。拍摄时最好注意以下两点。

（1）俯视拍摄。平视拍摄时，由于近大远小的关系，画面中的曲线会显得不明显，因此最好采用俯视拍摄的手法。

（2）选择较长的曝光时间。拍摄带有弧度的街道时，由于需要拍摄的街道距离很长，长时间曝光可以使车轨显得更加连贯。

200mm f/22 25s ISO 100

选择形状独特的大桥进行拍摄，车流轨迹与大桥线条并行，画面色彩更为精彩

12.8 光绘拍摄技巧

在漆黑的夜晚，用光源作为画笔作画，简称光绘。光绘是夜景摄影中比较独特的一种，操作简单，只需有个光源（手电筒、蜡烛、手机屏幕、焰火等）和相机，选择一个没有杂光、比较黑的场所即可操作。当然，光绘并不仅仅局限于运动光源，其实，我们在实际拍摄时，还可以通过晃动相机来完成绘画。

具体拍摄时，需要注意以下几点。

（1）选择较暗的拍摄环境。光绘摄影可以在室内进行，也可以在室外进行，前提条件是需要有一个较暗最好是全黑的空间。在室内拍摄时，需要将房间内所有的灯以及其他会发光的电器关闭，并将窗帘拉上，以免室外的灯光照射进来影响效果。在室外拍摄时，也需要选择一个相对较暗的环境来完成，因为周围环境中的任何杂光都会对画面产生影响。当然，刻意结合周围环境来构图的除外。

（2）穿着黑色等深色系服装。浅色衣服容易反射光线，尤其是白衣服，深色衣服相对没那么容易反射光线。因此为了不留下多余的身影，在描绘图案时要穿黑色或深色衣裤。

穿着深色衣服的作画者也不可以在一个地方停留时间过长，外拍环境下在一个地方停留1s以上拍出的画面基本都有残影，除非是使用小光圈或者是在全黑的暗房环境中操作。

100mm f/8 B门 ISO 100

我们在拍摄光绘作品时，可以随意发挥想象，用光来画出美丽的桃心

300mm f/5.6 1/2s ISO 100

拍摄一些造型独特的光源时，可以通过晃动相机的方法进行光绘创作

第13章

环境光下的静物摄影

在日常生活中，有很多值得我们拍摄的静物题材，包括我们戴的首饰、收到的小礼物、家里的茶具或是餐桌上的美食等，在拍摄这些静物题材时，怎样才能拍得更好呢？其实，在我们日常的环境光下拍摄静物有很多需要了解的光线知识，下面就为大家详细介绍一下。

13.1 在环境光下拍摄静物常用的镜头

在拍摄静物时，我们经常会用到3种不同类型的镜头，即广角镜头、大光圈标准焦段定焦镜头、微距镜头，这3种镜头几乎可以满足我们日常拍摄的各种需求。

在拍摄家居装饰等大场景画面时，我们可以使用广角镜头，广角镜头的焦距比标准镜头短，得到的视角要广，在空间有限的室内拍摄时，广角镜头比标准镜头拍摄的空间要大。

在拍摄很小的静物时，或是想要表现物品的局部细节时，微距镜头是非常不错的选择，它可以将静物的细节特征清晰呈现在画面中，很适合拍摄类似首饰这些造型小巧、做工精美的物品。

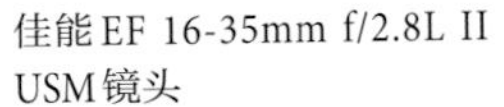

佳能EF 16-35mm f/2.8L II USM镜头

AF-S尼克尔16-35mm f/4G ED VR镜头

佳能 EF 100mm f/2.8L IS USM 微距镜头

AF-S尼克尔 VR ED 105mm f/2.8G (IF) 镜头

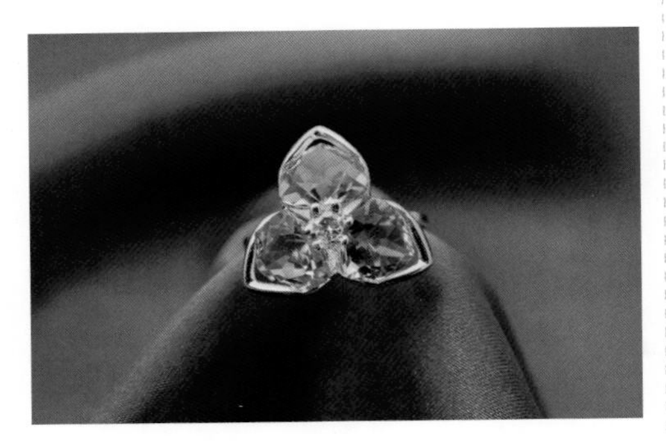

100mm f/3.5 1/400s ISO 100

利用微距镜头拍摄小饰品，可以将其色彩、形态细节充分展现在画面中，很吸引人

16mm f/6.5 1/250s ISO 200

拍摄家居画面时，使用广角镜头拍摄，可以在有限的空间内最大限度地展现家中全貌

当室内光线较暗时，大光圈镜头能够发挥很大的作用。在弱光环境中，选用大光圈镜头可以有效地提高快门速度，避免手持拍摄使画面变虚，例如最大光圈为 f/2.8、f/1.4、f/1.2 的镜头。

另外，定焦镜头通常做工精致、成像质量极佳，标准焦段能真实还原物体原貌，不会有夸张的变形。

佳能 EF 50mm f/1.2L USM 镜头

AF-S 尼克尔 50mm f/1.4G 镜头

 50mm 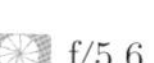 f/5.6  1/200s ISO 400

在弱光环境下拍摄静物时，我们可以使用大光圈拍摄，这样可以提高快门速度，避免画面变虚

13.2 拍摄静物时常规的布光方式

在拍摄静物时，布光方法有很多种，但在日常拍摄时，对称布光方法是我们常用的布光方法。

利用对称布光法表现静物，可以将静物的形态、颜色、质感等信息很好地表现出来。具体的布光操作也很简单，就是在物体的左右两侧45°角位置各放置一盏灯，然后根据需要调整亮度以及营造不同的画面效果。对称布光法产生的柔和均匀的光线没有强烈的反差，可以使画面表现得干净、透亮，适宜表现静物细腻的质感。

在实际应用中，我们也可以采用一盏灯，而用自然光代替另外一盏灯，以达到与对称布光法类似的效果。

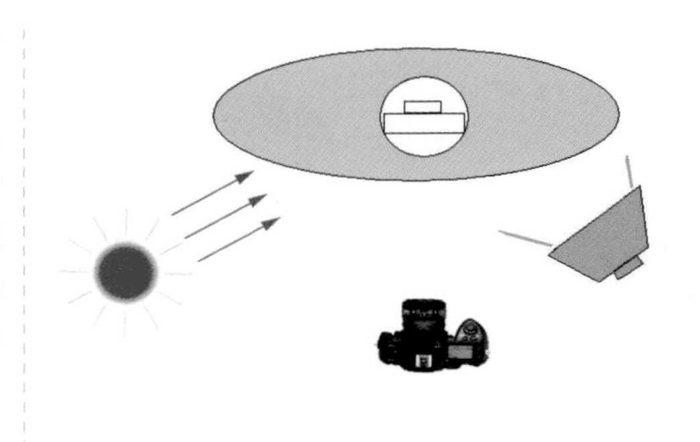

对称布光示意图

100mm f/5.6 1/300s ISO 100

利用对称式布光法拍摄静物，可以展现其细腻的质感，同时静物的颜色也得到了很好的表现

13.3 硬光突出静物的立体感

在日常生活中，直射光也是很常见的光线环境，也就是我们所说的硬光环境，那么在拍摄静物时我们该如何利用硬光拍摄呢？

一般来说，硬光具有较强的方向性，我们恰恰可以利用这一特点来突出静物的立体感。另外，硬光对于表现粗糙质地的物体有比较好的效果，可以突出其表面的纹理。当我们想要使静物表现出一种光感通透的感觉时，也可以使用相对较硬的光线来拍摄。

需要注意的是，强硬的光线容易产生明显的影子，我们可以对暗部用反光板等可以反光的物体适当地进行补光，在减少阴影程度的同时保证画面的层次感。

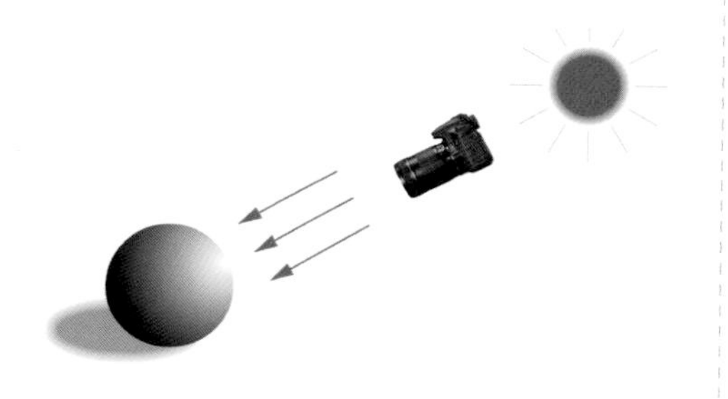

直射光示意图

105mm f/6.5 1/200s  200

硬光的照射使台球形成明显的亮暗对比区域，立体感很强

65mm f/6.5 1/400s ISO 200

在方向性很强的硬光照射下，咖啡杯产生明显的阴影区域，画面显得很厚重，很有意境

13.4 使用柔光拍摄反射率高的物体

在我们平时接触到的环境光中，柔光是比较常见的。在拍摄静物时，因为柔光属于漫反射性质的光线，光源的方向性不明显，这样可以使静物受光更加均匀，不会产生明显的阴影，使画面影调更加柔和。

对于一些反射率比较高的静物主体，比如玻璃、金属、水面等，我们可以利用柔光进行拍摄，这样可以避免反光破坏画面效果，同时还能细腻地表现出静物主体具有的一些特点。

另外，在拍摄静物时，如果不是在柔光环境中，但还是想要使用柔光拍摄，可以利用反射光得到柔和的光线，或是利用柔光布、纸巾等物品遮挡住直射光，让直射光变为柔和的散射光照在主体上。

强烈的直射光直接照在主体上的画面

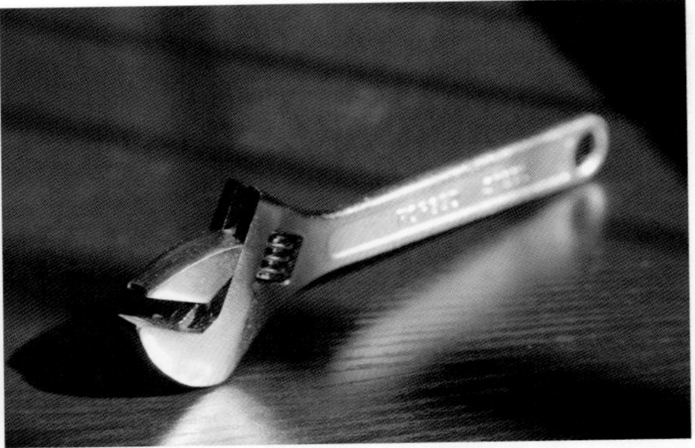

在强烈的直射光照射下，得到阴影很重的静物画面，主体反光也很严重

利用薄薄的柔光布遮挡直射光，让其发生漫散射现象，从而变为柔光

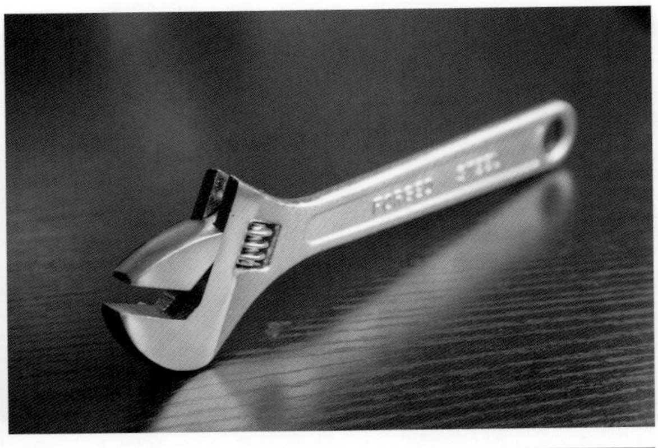

柔光下拍摄的静物主体，表现得非常细腻，画面感也很柔和

100mm
f/3.5
1/200s
ISO 100

拍摄做工精美的首饰时，柔和的光线环境可以将其细节特征很好地表现出来

65mm
f/6.5
1/200s
ISO 100

拍摄咖啡杯等餐具时，柔和的光线可以让静物的细节很好地表现出来，明暗过渡比较均衡，画面很和谐

13.5 逆光展现玻璃通透的质感

玻璃器皿的特点是具有一定程度的反光，在拍摄以玻璃器皿为主的画面时，为了表现其独特的质地，我们可以利用逆光来拍摄，这样可以很好地展现出玻璃器皿通透的质感。

在实际拍摄时，我们要选择比较柔和的逆光拍摄，如果逆光的照射强度很强烈，可以利用纸巾、布、透明板等物体减弱光线的强度，因为太强的逆光会破坏画面的平衡。利用柔和的逆光照亮器皿，可以使其产生明亮的高光部分，并且会与背景形成强烈的反差，从而突出玻璃极佳的通透性。

另外，如果是在拍摄水杯等玻璃器皿，我们还可以加入不同颜色的水，水也可以被逆光照射得很通透，这样会更有画面感。

需要注意的是，在拍摄时我们可以将相机的测光模式设置为点测光，使画面中的曝光更加准确。

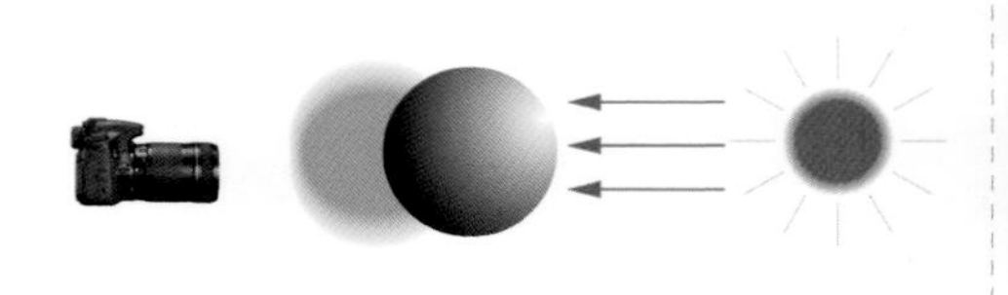

逆光示意图

佳能相机中的点测光

尼康相机中的点测光

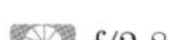
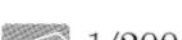

50mm f/2.8 1/200s ISO 400

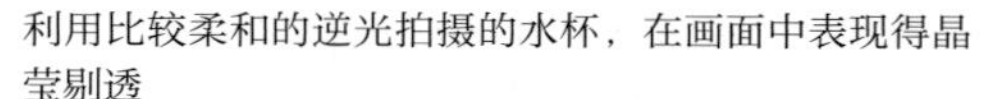

利用比较柔和的逆光拍摄的水杯，在画面中表现得晶莹剔透

50mm f/2.8 1/120s ISO 200

逆光使酒杯表现得晶莹剔透，而逆光光源形成的光斑也很迷人

13.6 拍摄静物时应遵循的曝光原则

在拍摄静物时，如果不准备对照片进行后期处理而直接使用拍摄后的照片，我们只需要保证静物的曝光准确就可以了。如果完成拍摄后，想要对照片进行后期处理，那么为了给画面更多的后期调整空间，需要刻意让画面曝光不足1~2挡，也就是我们常说的“宁欠勿过”。

在拍摄静物照片时，如果画面曝光过度，会使画面高光部分的细节完全丢失，而这种细节丢失是后期处理无法弥补的。为了防止拍摄的画面曝光过度，可以让画面稍微曝光不足一些，曝光不足时画面的暗部细节是可以通过后期调整来弥补的。这也是拍摄静物时应遵循的曝光原则，宁可让画面曝光不足，也不能让画面曝光过度。

由于主体和背景的亮暗反差很大，很容易拍摄出主体曝光过度的画面，从而导致高光区域的细节丢失

这种曝光过度导致的细节丢失是电脑后期无法弥补的

通过提高快门速度、减小光圈值或是降低曝光补偿等方式，得到曝光稍微不足的画面。

拍摄曝光比较复杂的画面时，可以适当调整曝光值，得到稍微曝光不足的画面

在后期软件中，可以通过调整曲线、亮度等功能将画面的暗部细节弥补回来，使画面曝光准确

105mm
f/12
1/120s
ISO 200

通过后期调整得到曝光准确的画面，主体和陪体都得到很好的体现

13.7 用RAW格式记录拍摄的静物画面

拍摄静物照片时，为了记录更多的画面信息，我们可以使用RAW格式进行拍摄。

RAW格式是相机最原始的输出格式，没有经过任何自动修正和数据压缩，使用该格式拍摄静物，能为后期留下较大的调整空间，比如在处理白平衡问题时，使用RAW格式拍摄可以将图像的品质损失降到最低。RAW格式在曝光补偿方面的优势同样明显，曝光过度2~3挡的情况下拍摄依然可以轻松挽回，而曝光不足时的RAW图片在技术上也优于普通的JPEG格式，在提高亮度后噪点也相对较少。所以在存储卡容量允许的情况下，我们尽量使用RAW格式拍摄静物。

佳能相机RAW格式的设置步骤

在佳能相机中的菜单界面找到图像画质

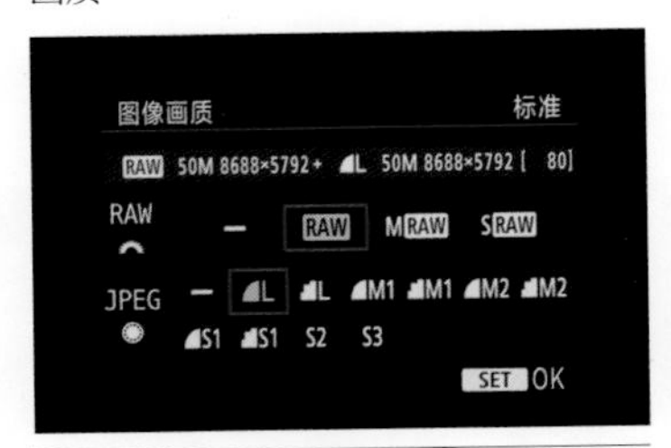

可以选择RAW格式存储，也可以选择JPEG+RAW格式存储

尼康相机RAW格式的设置步骤

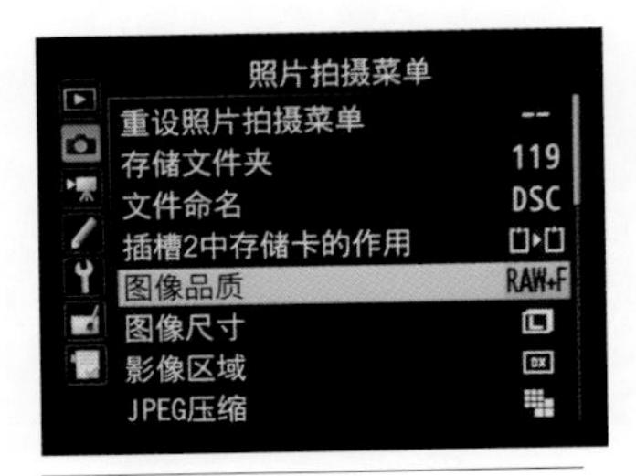

在尼康相机中的菜单界面找到图像品质

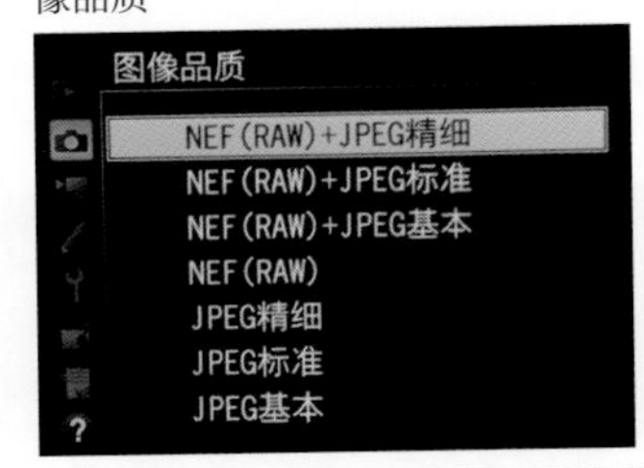

可以选择NEF(RAW) 格式存储，也可以选择NEF(RAW)+JPEG格式存储

105mm
f/12
1/120s
ISO 200

在比较复杂的光线环境下拍摄静物，可以使用RAW格式拍摄

13.8 怎样避免闪光灯造成的浓重阴影

在拍摄静物时，我们常会遇到光线不足的情况，因此很多人会为相机加装外置闪光灯来补充光线。但在近距离拍摄时，这样很容易使靠近相机的区域曝光过度，静物背后也会出现难看的阴影。

为了在使用闪光灯时避免浓重阴影的出现，我们可以将外置闪光灯安装上遮光罩，以使光线变得柔和。另外，如果外置闪光灯可以调节闪光角度，最好将闪光灯调整到45°的位置，这样当光线散射到静物上时，便可以避免浓重的阴影出现，画面也会变得自然。

将佳能的外置闪光灯加装柔光罩，防止光线过硬

将尼康的外置闪光灯加装柔光罩，防止光线过硬

用闪光灯直接闪光拍摄，画面很容易出现浓重的阴影

闪光灯加装柔光罩后，浓重的阴影消失

50mm f/6.5 1/400s ISO 200

在使用闪光灯拍摄静物时，柔和的光线可以使静物有更好的表现

13.9 利用台灯为静物补光拍摄

台灯是我们日常生活中常会用到的照明工具，如果我们在拍摄静物时没有专业的影室灯，那么使用家居常用的台灯也是不错的选择。

在台灯照射的环境光下拍摄静物，需要注意色温的问题。通常，我们家里使用的台灯有白炽灯和日光灯两种，白炽灯光线偏黄，而日光灯发出的光偏冷色调，如果是采用多盏台灯拍摄，要尽量选择光线颜色相同的灯泡。

另外，在拍摄静物时，如果有条件我们可以选择一些纯色的布或纸当作画面的背景，这样可以更好地突出主体。

120mm f/7.1 1/160s ISO 100

利用台灯拍摄的手表，形态、细节等都得到了突出表现，丝毫不亚于专业影棚中拍摄的画面

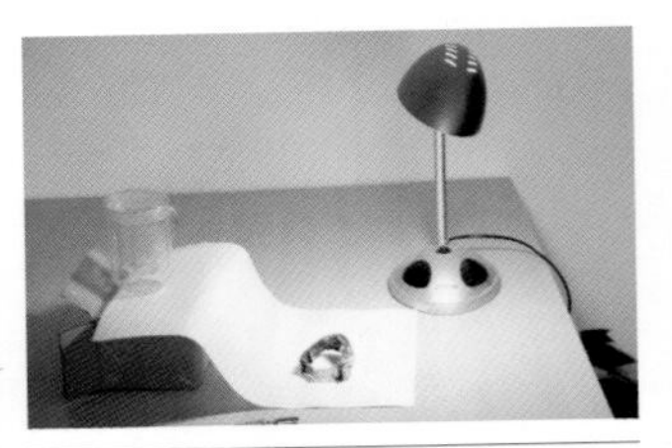

利用白色的纸当作背景，并利用台灯为手表照明

40mm f/5.6 1/10s ISO 250

利用台灯拍摄红酒和蛋糕，画面给人很温馨的感觉，黑色的背景布也将主体很好地凸显出来

利用黑色的布当作背景，并利用台灯为红酒和蛋糕照明

13.10 如何展现出首饰等金属物品的质感

在拍摄首饰等金属物品时，由于金属物品的反光性强，很容易把周围环境中的物体反映到金属表面，那样很容易得到穿帮的画面，而且金属材质的静物明暗反差比较大，因此在拍摄时，我们应该选择以侧面方向的柔和光线为主，以降低明暗反差，从而使画面更加和谐。

对于表面光滑的金属物品，我们可以使用白色透光的物品将其包围起来再拍摄，避免不必要的反光。另外，可以根据金属的颜色搭配一些单一的背景，以便更好地突出主体的质感和立体感。

105mm f/4 1/400s ISO 100

将做工精美的首饰放在白色的首饰盒中间，由于白色首饰盒的反光，首饰的每一个细节都能得到很好的呈现

需要注意的是，在拍摄金属物品时，我们要做好前期的清洁工作，金属物品很容易留下手印，这样会破坏画面。如果想要突出展现物品的局部信息，我们也可以利用微距镜头拍摄。

佳能 EF 100mm f/2.8L IS USM 微距镜头

尼康 AF-S VR ED 105mm f/2.8G (IF) 镜头

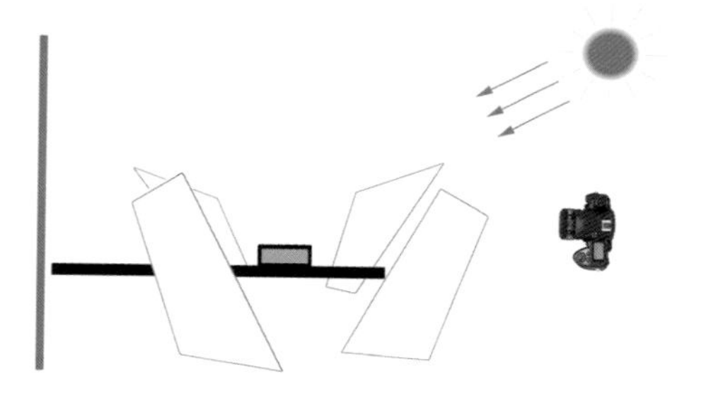

在拍摄表面光滑的金属物品时，可以利用白色的物品将其包围起来拍摄，这样可以避免反光破坏画面

100mm f/10 1/3s ISO 640

在拍摄小巧精美的首饰时，使用微距镜头可以将其外形特征很好地表现出来，画面很有质感

13.11 如何将水果拍摄得更加新鲜

水果也是我们经常拍摄的静物，无论是在家里还是在餐厅，新鲜的水果很受人们的喜爱，那么在拍摄时如何将水果表现得更加新鲜诱人呢？

首先，在拍摄前，我们要将水果清洗干净，水会提升水果的新鲜程度，如果有条件还可以为水果上油，并用干布擦干，这样可以提升水果的色度和光泽度。

另外，我们应避免使用强烈的直射光，可以使用带有侧光性质的柔光，柔光会让水果显得更饱满。如果水果的暗部细节得不到体现，也可以用反光板适当补光，避免画面反差太大。如果有很多不同种类的水果，我们也可以按不同颜色将它们放在一起拍摄，因为水果间的色彩对比也会使提升画面效果。

60mm f/6.5 1/400s ISO 100

在柔和的光线环境里，樱桃所表现出的色彩非常鲜艳，绿色的叶子也很好地衬托出樱桃的色彩

105mm f/6.5 1/500s ISO 100

在柔和的光线环境中，将不同颜色的水果放在一起拍摄，水果间的色彩对比使画面更具吸引力

80mm
f/6.5
1/400s
ISO 100

将不同种类的水果放在一起做成诱人的水果捞，使水果的色彩更加鲜艳、饱满

13.12 拍摄美食的光线环境

我们在拍摄美食的时候，应根据食材自身的特点选择光线。如果是表现质感细腻的食物，在自然光线充足的情况下可以运用自然光，但要注意太阳光线不要太过强烈，因为强烈的直射光会在食物上投射出明显的影子，这些影子会影响画面的效果，而且强烈的直射光还会使食物产生过亮的区域，所以应尽量使用散射的柔光拍摄。

95mm f/5.6 1/100s ISO 400

在柔和的光线环境下，美食的色彩会更加诱人，美食表现得很有质感

我们可以利用薄窗帘将直射光改变为柔和的散射光，也可以利用纸巾、手帕等物品将直射光改变为柔和的散射光，在这样的光线下拍摄美食，会让美食展现得更加细腻诱人。

强烈的太阳直射光使食物的色彩不够饱满

在柔和的散射光环境下，食物表现得更有质感

75mm f/5.6 1/200s ISO 100

在拍摄美食时，柔和的光线会让美食受光均匀，使美食的亮部和暗部区域都能有很好的体现

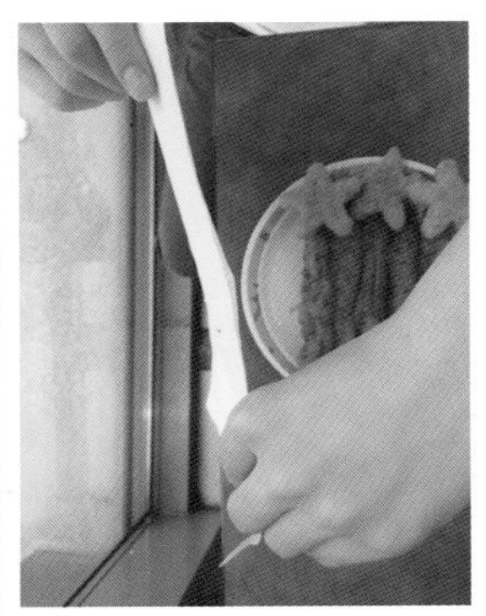

利用餐巾纸遮挡住直射光，让其形成柔和的散射光

另外，如果想要突出美食的影调，我们可以使用闪光灯拍摄，但为了避免光线过硬，可以将闪光灯的方向朝向周围的白墙，利用白墙反射的光线为食物补光，或是将闪光灯装上可以使闪光变柔和的柔光罩拍摄。

我们在拍摄美食的时候，一般环境光线比较暗，在没有闪光灯的情况下也可以考虑使用手电筒、手机等光源为画面补光。如果实在没有可以利用的光源，我们可以将相机的光圈调到最大，同时适当提升感光度，还可以通过依靠墙壁或桌面等方式使拍摄更加稳定，从而避免了画面模糊，画面的质量得到保证。

将佳能的外置闪光灯加装柔光罩，让闪光变得柔和

将尼康的外置闪光灯加装柔光罩，让闪光变得柔和

75mm
f/5.6
1/200s
ISO 100

利用安装了柔光罩的闪光灯拍摄美食，可以使美食的色彩、质感等细节清晰表现，同时画面影调也很吸引人

13.13 控制曝光表现诱人的色泽

如果选择自然光线拍摄美食，需要选择光照效果较好的位置。白天在餐厅拍摄时尽量选择靠窗的位置，因为充足的光线可以获得更好的效果。如果是晚餐时间拍摄，可以选择灯光比较明亮的位置。

拍摄时要避免使用闪光灯直接对美食闪光，因为闪光灯直接照射的光线会比较生硬。还要注意控制曝光，因为曝光过度会使食物失去鲜亮的色彩，好像食物过期了一样，而曝光不足则会使画面昏暗，提不起观众的食欲。

曝光过度会让食物失去鲜亮的色彩

曝光不足的画面显得昏暗，缺乏吸引力

50mm f/2.8 1/200s ISO 100

在拍摄美食时，柔和的光线会让美食受光均匀，使美食的亮部和暗部区域都能有很好的表现

50mm
f/4
1/400s
ISO 200

合理控制曝光，可以让美食得到更好的呈现，让观者看到食物后有一种想要品尝的欲望

13.14 拍摄旅行途中的静物

我们在外出旅行时，常会遇到比较有特色的小物品，随时将它们拍摄下来，会很有纪念意义。

在拍摄时我们应该注意一些相关事宜。首先，这些小物品更多地是通过形态、颜色来传达信息，所以我们最好利用顺光或是侧光拍摄，使主体的颜色、形态结构可以得到展现，而尽量避免逆光拍摄。其次，拍摄时的光线不要太强烈，否则会影响到主体细节的呈现。

另外，在户外环境拍摄常会遇到杂乱的背景，因此，我们在选择背景时就要注意，可以通过改变拍摄方向得到干净整洁的背景，或是利用镜头的大光圈将杂乱的背景虚化掉，使主体得到突出体现。

170mm f/4 1/600s ISO 100

在拍摄旅行中的静物时，利用大光圈虚化掉杂乱的背景，可以使主体更突出

105mm f/5.6 1/200s ISO 400

选择和主体搭配的墙壁当作背景，画面整体很协调

20mm f/6.5 1/600s ISO 100

拍摄吉他时，充足的光线环境使吉他的形态、色彩很好地表现出来，仰视拍摄可以将吉他下面杂乱的景物裁切在画面外

13.15 利用迷人的光斑当作静物背景

拍摄过夜景照片的朋友都知道，远处的灯光会在不经意间形成迷人的光斑效果，其实这是由于光源离主体太远，没有对上焦导致的。

在夜晚拍摄静物时，我们可以将这种光斑当作画面背景，与静物主体形成虚实对比，同时让画面具有迷人的浪漫色彩。拍摄这种照片也并不难，首先我们要保证主体的远处有一些发光的光源，光源越多形成的光斑就越多，然后对静物主体进行对焦拍摄，主体得到清晰成像的同时，远处的光源会因为没有对上焦而形成迷人的光斑效果。

需要注意的是，在拍摄时不要使用闪光灯，闪光灯的强光会使画面背景的光斑消失，可以通过提高感光度或增大光圈的方式保证画面曝光准确。另外，夜晚的光照并不是很充足，为了有一个较高的画质，我们需要为相机配备三脚架，以保证相机的稳定。

三脚架

105mm f/4 1/60s ISO 400

将水杯对准窗外光源较多的地方，对水杯进行对焦拍摄，由于背景光源不在对焦点位置，因此形成迷人的光斑效果

165mm f/4 1/160s ISO 100

对可爱的小玩偶进行对焦拍摄，背景形成的光斑增加了画面的浪漫气氛

13.16 利用暖色调光线拍摄家居题材

拍摄家居题材的照片，通常都会以家居环境营造出“家的气氛”为主要拍摄目的，所以在拍摄时，我们可以使用暖色调来呈现画面，将相机的白平衡设置为阴天或阴影模式，也可以令相机内设置的色温值高于拍摄现场的色温，这样可以使家居环境表现得更加舒适、温馨。

另外，在拍摄家居照片时，应尽量使用能拍摄出拉伸形变效果的广角镜头，并配合较低的机位拍摄，产生的夸张透视效果可以使室内空间显得更加开阔。需要注意的是，如果家居环境中的光线相对比较复杂，我们可以对曝光不足的区域进行适当的补光，让画面有更好的表现。

佳能相机的白平衡设置

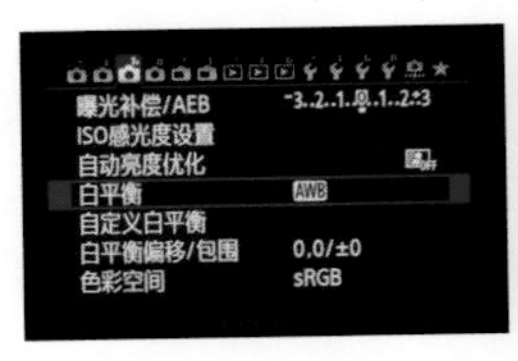

在佳能相机的系统菜单中找到白平衡设置

进入白平衡设置，选择相应的白平衡模式，可以选择阴影模式得到暖色调画面

尼康相机的白平衡设置

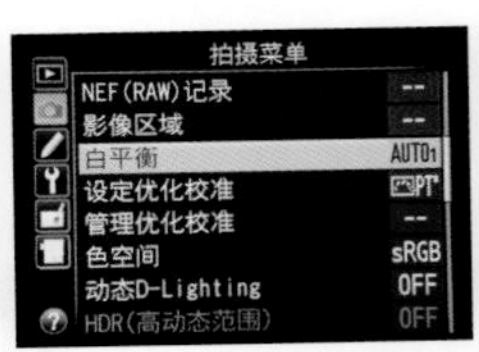

在尼康相机的系统菜单中找到白平衡设置

进入白平衡设置，选择相应的白平衡模式，可以选择背阴模式得到暖色调画面

现实场景中呈现出的画面是冷色调，画面稍显平淡

将相机的白平衡设置为阴天或阴影模式，可以获得暖色调的画面，传递出了温馨的感觉

佳能EF 16-35mm f/2.8L II USM镜头

 22mm f/5.6 1/20s ISO 400

利用广角镜头选择室内的一角拍摄，最大化地展现出画面的空间感和立体感，现场的暖色调也使画面显得很温馨

AF-S尼克尔16-35mm f/4G ED VR镜头

17mm
f/5.6
1/25s
ISO 400

将相机位置放低，采用平视角度，可以将卧室展现得更具美感，同时暖色调的光线也表现出一种家的温暖

第14章 影室设备介绍

除了利用室外自然光拍摄之外，我们还可以在影棚内利用影室灯等照明设备进行拍摄。在影棚拍摄的好处是，室内照明设备可以根据我们的拍摄需要随意进行调整，包括灯光的照射强度、照射方向等。

一个专业的影棚，里面除了有必备的数码单反相机、镜头、三脚架之外，一般还需要有以下相关产品：影室灯、反光罩、柔光箱、反光伞、蜂巢、静物台、背景布、背景纸等。它们在拍摄过程中各自发挥不同的作用，本章将为大家一一介绍这些影视设备的用途和使用方法。

14.1 影室灯

常用的影室灯主要由大功率的闪光灯和造型灯两部分构成。闪光灯中央是插造型灯的接口，造型灯一般是石英灯、白炽灯等。我们通常可以对这种影室灯的功率进行调整，有无级调整的，也有分挡调整的，在购买影室灯时，可以根据我们的需要进行挑选。

在使用影室灯时，如果不用闪光灯，我们可以利用造型灯作为主要的光源进行拍摄，而在使用闪光灯时，造型灯就只在我们布光以及看主体造型效果的时候使用。有些造型灯会在闪光灯闪光时关闭，闪光灯闪光之后再亮起来，这样设计是为了防止造型灯色温对闪光灯产生干扰。不过，对于石英灯、白炽灯等以热发光的灯而言，这样做并没有什么意义，如果担心造型灯的色温产生干扰，可以在对主体布光完成后关闭造型灯电源，再去拍摄。

影室灯

14.2 反光罩

反光罩也是不可缺少的灯具设备，可以对光源发出的不能照在主体上的光进行反射，从而大大提高灯具的光线利用率，增加灯具的使用效率。

反光罩的反光率主要取决于制作它的材料，反光材料的反光率、光衰等参数直接决定着反光罩的质量。反光罩的形态主要是指它对光线的反射角度等，它决定了反光罩对光线的处理能力。综合来说，反光罩的材料和形态决定了灯具的输出效率和输出的通光量，反光罩是很重要的灯光工具。

反光罩

14.3 柔光箱

在影室中，柔光箱也是常会用到的灯光器材。柔光箱是由反光布、柔光布、支架和卡口组成的。柔光箱的形状多种多样，有八角柔光箱、四角柔光箱和圆形柔光箱等，其中四角柔光箱是比较常见的。

柔光箱的内侧能起到反光板的作用，可以把顶部光源变成柔和的散射光，拍摄主体在这种光线环境下会呈现得很柔美。如果是利用这样的柔光箱拍摄静物，可以真实地表现出拍摄主体的颜色，并且可以使拍摄主体的细节部分得到更加清晰的呈现。在实际拍摄时，我们可以根据需要突出拍摄主体的某个部分或某个侧面，获得不同的画面效果。柔光箱的柔光性很好，并且可以拆卸折叠，在影室摄影中很受欢迎。

柔光箱

85mm f/5.6 1/600s ISO 100

在影室中，利用柔光箱拍摄美女人像，可以将美女表现得更加柔美，不会产生明显的阴影

100mm
f/9
1/500s
ISO 100

利用柔和的光线拍摄静物，可以将静物的色彩、形态等细节特征在画面中很好地呈现出来

14.4 反光伞

反光伞是一种专业的反光工具，反光效果非常出色，并且可以折叠，很灵活，是许多摄影师钟爱的反光用具。

反光伞有不同的颜色，有白色、银色、金色、蓝色等，它们会对物体反射出不同颜色的光。其中白色和银色的反光伞是最常用到的，因为这两种颜色的反光伞不会改变物体的色温。金色的伞面会降低闪光灯的光线色温，而蓝色的伞面可以升高闪光灯的光线色温。无论我们利用哪种颜色的反光伞，反光伞都会将光线变得很柔和，使拍摄主体产生的阴影很淡。

反光伞

14.5 蜂巢

蜂巢是我们在摄影中对于蜂巢罩的简称，蜂巢是一种灯光控制工具，因为其造型特点很像自然界中蜜蜂的巢房，所以称它为蜂巢。蜂巢可以按大小和薄厚的不同分为几十种，使用蜂巢可以使光源更加集中，集束平行射出。

在实际拍摄中，蜂巢常用于人物面部的硬光控制、背景亮度的局部控制以及人物边缘轮廓光的勾画等，使用时可以将其直接插入或套入予以固定。

蜂巢

14.6 静物台

静物台是影室中另一个很重要的设备，从字面上我们就可以看出它是用来放置静物的台子，进一步说它是用来拍摄静物的专业平台。在室内拍摄人像时基本不会用到静物台，但拍摄小型静物是离不开它的，而更多时候，在拍摄网上销售的商品时会用到静物台，因为静物台可以使画面环境简洁干净，也非常有利于灯光的布置。

静物台方便我们拆卸、布光以及更换背景，一个专业的静物台通常包括组合整个静物台的各类标杆和一块放置静物的塑胶板，另外还有为数众多的胶夹和万向旋转胶夹。

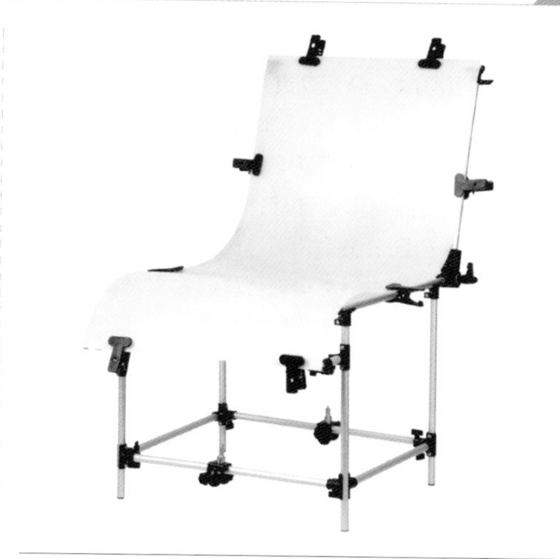

静物台

100mm f/6.5 1/500s ISO 100

将水杯放在静物台上拍摄，静物台很整洁、很干净，并且可以轻松地对画面进行布光，从而得到我们想要的画面效果

14.7 背景布、背景纸

无论是在室内还是在室外，无论是拍摄人像题材还是静物题材，背景的选择都很重要。

在影室中拍摄，我们通常会人工布置些背景。这些背景按照材料可分为两类，一类为布质背景，另外一类为纸质背景；如果按照载体分类，可以分为纯色背景和场景背景。不过最近这些年，除去在画意摄影中背景布仍不可替代外，在其他类的摄影中，背景纸已经替代了背景布的使用。

背景布有无纺布和植绒布，其中无纺布中间有空隙，不适合近距离拍摄；植绒布容易起褶，需要反复熨烫，并且价格比较昂贵。不过，使用背景纸可以解决这些问题，背景纸表面平滑细腻，色彩饱满，吸光性好，而且价格非常便宜，深受众多影友的青睐。

将背景纸细分又可以分为海绵纸、卡纸、大型的专业摄影净色背景纸。

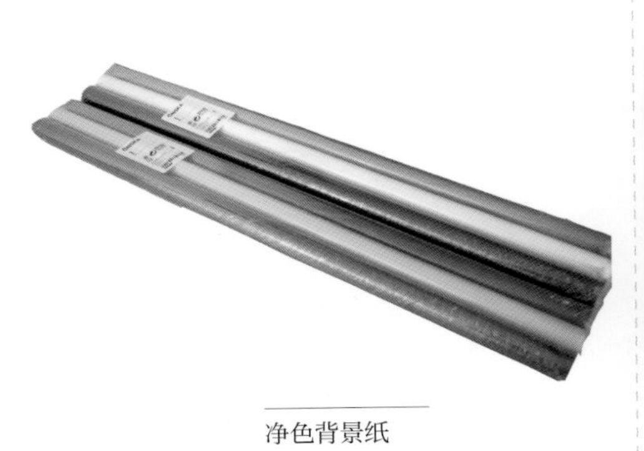

净色背景纸

105mm　f/4　1/600s　ISO 100

在拍摄静物时使用背景纸，凭借其表面平滑细腻、色彩饱满、吸光性好等优势，可以得到很好的画面效果

海绵纸：海绵纸适合拍摄较小的物品，因为其规格较小，一般以90cmx50cm居多。海绵纸的材料是EPE发泡软片，韧性强，无接口，不容易起褶，并且不怕脏，即使脏了，用湿布一擦即可，其另外一个最显著的特点是不怕水，吸水性好。

卡纸：卡纸一般分为两类，即淡色卡纸和渐变色卡纸。目前在市场上使用最多的卡纸规格是110cm×79cm，每张重230g。这种卡纸很适宜拍摄饰品、童装或半身的服装。由于卡纸颜色齐全，价格低廉，因此很受影友们的青睐。

净色背景纸：净色背景纸的尺寸较大，色彩清晰，吸光性能很好，可以应用于更广泛的主体拍摄。不过，相比其他的背景纸，净色背景纸的价格比较昂贵，但由于拍摄效果出色，因此仍然受到很多专业影友们的喜爱。

14.8 三脚架

如果你喜欢摄影创作，三脚架和相机一样，是必不可少的摄影设备，它可以保证我们相机的稳定，帮助我们拍摄出高画质的摄影作品。在影室中拍摄，也需要使用三脚架固定相机。我们在选购三脚架时，应该注意三脚架的材料和设计上的一些区别。

目前市场上的三脚架多以合金、塑料、碳纤维作为制造材料。其中塑料三脚架售价比较低廉，并且轻便于携带，不过由于其可负载的重量较小，无法稳定承托一些大型的数码相机，因此只能用于一些卡片机或是便携式的数码相机。

合金三脚架则多以铝或镁合金为主，这类三脚架的价格适中，具有刚性强、稳定性好、可负载大型相机的优势，但整体重量较大，不便于外出携带。

碳纤维三脚架多以碳纤维材料制造，并且在具有同等负重能力的情况下，其重量要比金属架轻30%～40%，相对而言更适合使用专业大型相机的户外摄影师使用，不过碳纤维的三脚架对于普通消费者来说非常昂贵。

三脚架

 90mm  f/6.5  1/400s  100

将数码相机固定在三脚架上拍摄静物，可以使相机更加稳定，得到更高质量的画面

14.9 云台

云台是三脚架的一个重要部分，主要用于在三脚架顶部固定相机和实现相机的角度调整。每一支三脚架都会有一个云台，并且云台是独立的，可以自行拆卸，以便我们根据自己的喜好单独配备。通常，我们会把云台分为三维云台和球形云台，它们各有不同的优点，下面我们就分别介绍一下。

三维云台：三维云台能够承载比较大的重量，在水平、俯仰和竖拍时都能提供很好的稳固性。高档云台一般都采用比铝合金更轻、更牢固、更耐蚀的镁合金材料，使用起来既轻便又稳固。另外，三维云台可以精细调节、精确构图，其把手式的设计符合人体工程学原理，每个拍摄定位都能牢固锁定，使用时非常方便。

球形云台：球形云台的优点是操作起来灵活便捷，当我们松开云台的旋钮，所有方向都可自由活动，而一旦锁紧旋钮，所有方向都会锁紧。相对于三维云台，球形云台的体积较小，更容易携带。

三维云台

球形云台

14.10 微距镜头

在拍摄静物题材的照片时，微距镜头也是常用的设备，微距镜头可以将十分细微的事物清晰地表现在画面中，得到的画面效果也是我们平常很难看到的，而这种细小的美景以摄影的方式放大在画面中，也会变得更有吸引力。

为了可以对距离很近的静物进行准确对焦，微距镜头通常被设计为能够拉伸得更长，以使光学中心尽可能远离感光元件，同时在镜片组的设计上，比较注重近距离下的变形与色差等控制。另外，大多数微距镜头的焦段长度都大于标准镜头，我们也可以将其归类为远摄镜头，但是在光学设计上微距镜头可能不如一般的远摄镜头，因此微距镜头并非完全适合拍摄一些平时的场景。术业有专攻，微距镜头更适合表现一些微小事物的画面。

佳能EF 100mm f/2.8L IS USM微距镜头

100mm  f/2.8 1/400s ISO 100

利用微距镜头拍摄做工精美的首饰，可以将其色彩、形态等细节充分地表现在画面中，非常吸引人

15

第15章

影室布灯实践之人像篇

在影棚里拍人像与在室外自然光下拍摄有所不同，影棚里的灯光设备可以让我们随意控制光线的强弱、方向等，这就为我们的人像创作带来了更多的选择。不同的影室布灯方法会打造出完全不同的作品效果，本章我们将一起探讨如何合理安排和使用各种灯光设备来打造出精美的人像作品。

15.1 主光定位作品风格

在影室人像摄影中，主光是我们首先需要确定的重要光源。主光的强度、位置、角度往往决定了一幅人像作品的风格与影调。例如，当我们需要拍摄高调风格作品时，主光的光线强度通常比较高，光线与模特所成的角度更小，这样均匀充足的光线可以使画面更加明亮。而当我们需要拍摄立体感较强的人像作品时，主光往往在人物的斜侧面或正侧面，这样的光线角度可以为画面带来清晰的明暗对比，画面立体感更加突出明确。

下图中，把主灯安排在模特斜前方45°角位置，附件为直径为140cm的八角柔光箱。主灯的高度比模特高两头左右，使光线均匀向下覆盖人物，同时将光圈设置为f/11。由于只用一个主灯拍摄，没有增加反光板，可以看到模特右脸有明显的阴影，这样可以使面部具有立体感，增加了神秘的感觉。

90mm
f/16
1/125s
ISO 100

调试合适了，一个灯也能拍出不错的人像作品（王庆飞 摄）

15.2 辅助光体现作品细节

如果说主光决定了照片的整体风格与影调，那么辅助光的最大作用便是解决主光留下的问题。辅助光的主要功能是对画面的阴影区域进行补充照明，呈现更多的暗部细节。因此，辅助光的光线强度通常小于主光，使画面能够体现更清晰适中的明暗反差效果，突出画面立体感。

从下图中我们可以看到，主光在模特的左脸方向，附件为直径为140cm的八角柔光箱，而在右脸的方向，使用了一个1m×2m的泡沫反光板作为辅助光，使整张照片的光线从右至左过渡更自然，右脸仅有较小的阴影，照片整体通透，头发的细节也更多，皮肤也会显得更加白皙。

120mm
f/16
1/125s
ISO 100

辅光的加入，解决了一些主光没有解决的问题，作品更加耐看（王庆飞 摄）

15.3 背景光让人物跃出画面

在人像摄影中，背景光最主要的功能便是使主体人物与背景很好地分离开来，使人物更加突出、明确。这里需要注意的是，背景光通常使用在深色背景中，浅色背景尽量不要再使用背景光照射，不然会出现背景过于明亮的情况。背景光源的摆放也有一定的技巧，当光源正对背景时，人物身后会出现一个由中心向四周扩散的圆形光线渐变；而当我们让背景光源与背景呈一定角度时，人物身后的背景光会呈现出一定角度的渐变效果。

在下图中我们可以看到，背景光安排在深色背景的正前方，由于光源使用的是圆形遮光罩，因此模特身后呈现出由中心向四周扩散的圆形光韵效果。同时因为背景光的出现，使身着深色服装的模特与深色背景很好地分离开来，画面立体感增强。

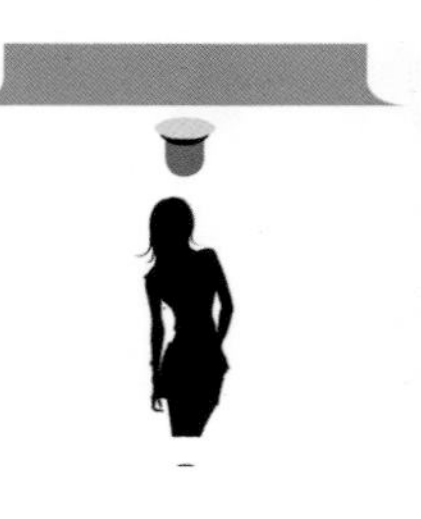

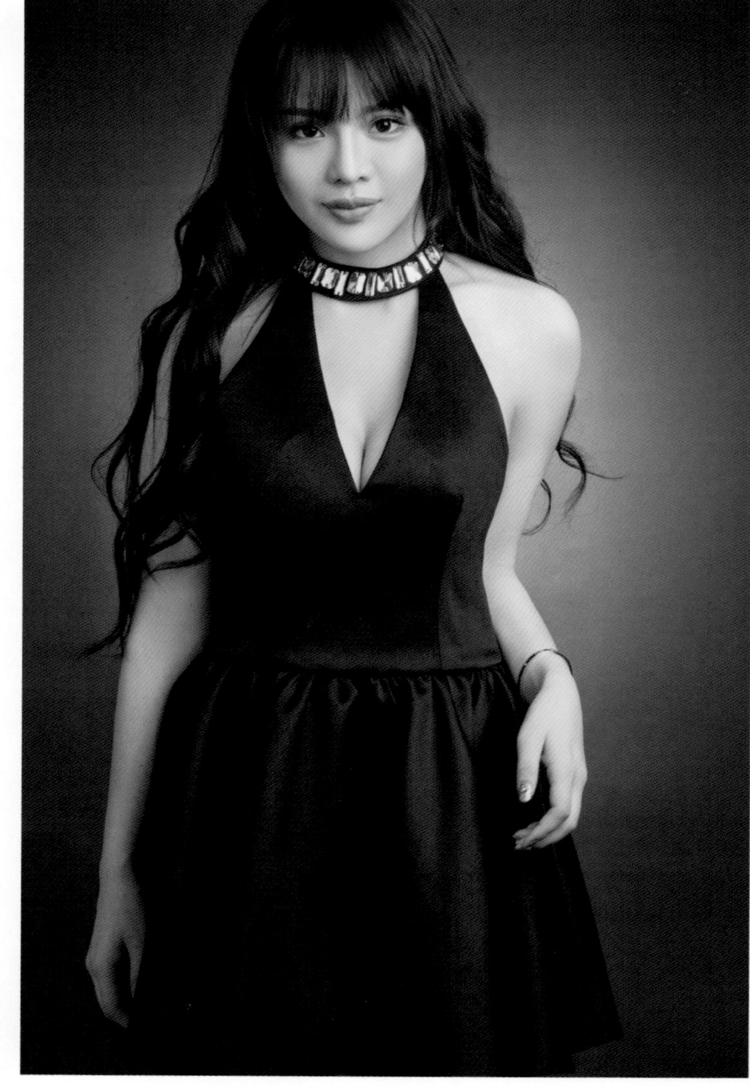

120mm
f/22
1/125s
ISO 100

背景光的加入，让整幅作品空间感得到加强（王庆飞 摄）

200mm f/20 1/125s ISO 100

背景光让模特从深色背景中脱离出来，画面更生动，主体也更突出

15.4 发光使头发通透而有层次

发光是指通过光源的照射，使人物的头发展现出更加明亮、更有质感的特殊效果。一般情况下，顶光、逆光或侧逆光是制造发光的最佳光位。主光或辅助光都可以完成发光的制造。对于逆光或侧逆光，是将主光或辅助光安排在人物的正后方向或侧后方向，需要注意的是，这样的安排需要适当地为模特的阴影面补光，不然就会在模特身体上留下非常明显的阴影区域，严重损害画面的细节。而对于顶光，则是将主光安排在较高的位置，从上向下覆盖照射，这样的光类似于太阳光线，模特的头发会因为顶光的照射而出现非常清晰的明亮效果。

在下图中，使用一个主光从正面上方45°角的位置进行照射，附件为直径为140cm的柔光箱，在主灯的对角线位置安排一个发灯来进行拍摄，附件为35cm×140cm的一个窄形柔光箱，将灯架的高度升为最高，形成一个倾斜的角度照射在模特头发上，形成漂亮的发光。

120mm
f/4.5
1/125s
ISO 100

这种布光方法可以让模特的头发形成漂亮的金黄色（王庆飞 摄）

200mm f/8 1/125s ISO 100

选择深色的背景，发光的效果会更明显

15.5 用羽化光拍摄端庄大方的风格

在拍摄端庄大方的风格时，布光上我们要尽量保证光线的柔和均匀。反差强烈的光线容易使画面产生激烈、情绪化的视觉效果，因此要尽量避免使用侧光、侧逆光和逆光。正面光或者羽化光（灯光照射时边缘的部分光线）是我们的最佳选择。一般情况下，单灯+反光板就可以完成这种风格的拍摄，当然如果我们希望画面的光线更加丰富，画面效果更加突出，可以适当增加一个光源，但光源不要增加太多，过多的光源会给画面带来烦琐复杂的视觉氛围。

在下图中，使用一个闪光灯作为主光源，用顶灯架，附件为直径为120cm的八角柔光箱，放置在模特的头顶，但不和模特的头部重叠，让光线均匀地从模特的面部前方照射下来。左右侧各加一块1m×2m米的泡沫反光板，用于消除模特脸部两侧的阴影，但下巴的阴影要保留下来，这样可以让模特面部更具立体感。整张照片给人的感觉是纯净、简单、大气。

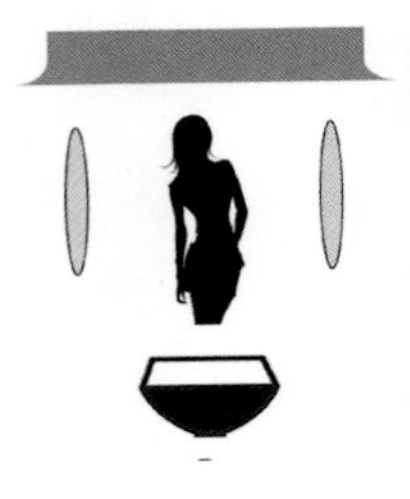

75mm
f/13
1/125s
ISO 100

这种布光方法使模特整体端庄大方，柔和唯美（王庆飞 摄）

15.6 使用雷达罩塑造时尚感

塑造立体感的布光方式有很多，这里我们来介绍一种比较简单的布光方法，用附件雷达罩+蜂巢来完成，这种布光方法在欧美杂志的拍摄中十分常见。雷达罩俗称美人碟，是一个环形反光罩，光质中性偏硬，可以在不弱化阴影的情况下柔化光线，也更能突出光线的方向。

在下图中，使用了一个闪光灯+50cm的雷达罩来拍摄，灯在模特的正前方，略高两头左右，灯的中心位置对准模特的眉心位置。由于光线比柔光箱硬一些，可以看到下巴有明显的阴影，这对人物的脸形有很好的塑造作用，在背景纸上也增加了隐约的投影，让照片更有立体感，整张照片的时尚感十足。

85mm
f/5
1/125s
ISO 100

这种布光方法可以让模特面部立体感增强，配合模特酷酷的表情，画面时尚感十足（王庆飞 摄）

70mm f/4 30s ISO 100

这种布光方法最好搭配简单色调的服装，比如白色、黑色服装，更显时尚气息（王庆飞 摄）

15.7 拍摄甜美的日系杂志风格

日系杂志风格的感觉是，光线柔和，色彩清新亮丽，人物表现甜美可人。一般在布灯的时候就要考虑附件的选择，拍摄日系杂志风格，柔光箱是不二之选。相对于欧美杂志的硬朗风格，拍摄日系甜美风格时，我们会将主光安排在模特的正前方，这样光线在头发上也能形成漂亮的高光。柔光箱尽量用较大的，一般可以选择140cm以上的，这样光线覆盖面广，在背景纸上就不会形成暗角。拍摄时，正面和侧面都可以进行拍摄，并且模特的活动范围大，这样更有利于拍摄。模特在摆姿上可以选择稍微柔一点的姿势，表情以温馨为主。

下图是用一个闪光灯作为主光源，附件为140cm的柔光箱，放在人物的正前方，高度大约比模特高两头，模特离背景纸很近，大概只有几厘米。由于使用的是柔光箱，下面有软硬适中的阴影，整张照片的感觉是非常柔美艳丽。

90mm
f/8
1/125s
ISO 100

我们可以选择颜色清新亮丽的浅蓝，配合模特甜美的笑容，作品显得非常柔美艳丽（王庆飞 摄）

70mm f/8 30s ISO 100

拍摄日系风格照片时，模特的姿势以柔、优雅为主，表情尽量甜美一些（王庆飞 摄）

15.8 质感和细节的双赢

在影棚里拍摄人像作品时，附件的选择可以根据我们的需要来定。比如，如果想要拍出介于日系杂志和欧美杂志中间的一种风格的作品，比日系的感觉更硬些，比欧美的感觉更柔些，我们可以选择使用直径为140cm的八角柔光箱+两块反光板，这样拍摄，照片的细节更多，而画面质感也比较适中。

下图，使用一个主灯在模特的正前方，附件直径为140cm的八角柔光箱，左右侧各加一个1m×2m的反光板。软硬适中的光线让模特的皮肤柔和又不失质感。时尚和甜美并重，这是大多数美女所喜欢的风格。

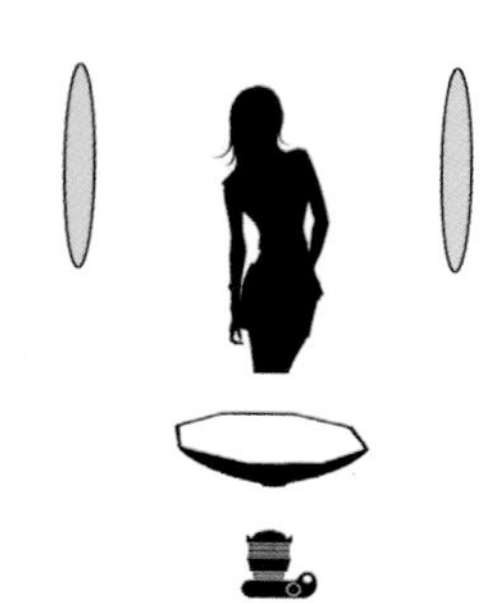

70mm
f/11
1/125s
ISO 100

这种布光方法可以让模特面部细腻，但又不失质感，可谓是质感和细节兼而有之（王庆飞 摄）

第 16 章

影室布灯实践之静物篇

在影棚里除了能拍摄人像之外，我们也常常会在影棚内借助影室灯拍摄静物，与自然光相比，影室灯更容易改变光的方向和性质对静物进行不同的布光造型。

接下来，我们便从影棚内布光的角度，简单了解静物拍摄的方法。

16.1 单灯拍摄静物的布光方法

为了方便大家理解，我们从单灯的布光方法入手，介绍影棚内人造灯光的运用。

16.1.1 正面光

正面光，又可称为顺光，此时，相机拍摄方向与光线照射方向一致，也就是说，光线从相机后面射来。我们所拍摄的主体，面对相机的部分被光线照到，这也就使得照片画面缺乏层次感。

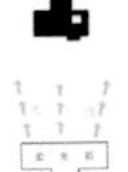

正面光示意图

聚光灯，光线强度较高，会发现静物主体背后影子较为明显，画面整体明暗关系对比强烈

泛光灯，也就是借助柔光箱进行布光，照片中主体背后影子较为柔和，画面中明暗过渡也柔和自然

16.1.2 顶光

顶光，顾名思义，就是来自于拍摄主体顶部的光线，与景物、照相机成90°左右的角度。

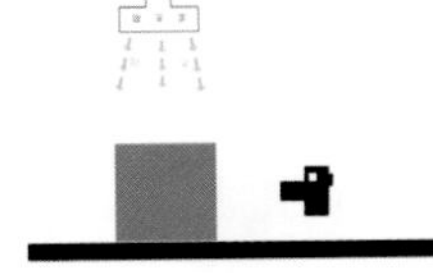

顶光示意图

聚光灯，光线强度较高，会发现静物主体下方影子较为明显，画面整体明暗关系对比强烈

泛光灯，也就是借助柔光箱进行布光，照片中主体下方影子浅淡，画面中明暗过渡也柔和自然

16.1.3 侧光

侧光，光线自拍摄主体左侧或右侧而来，同景物、相机成90°左右的水平角度。这种光线能产生明显的强烈对比。

在此角度拍摄，照片中影子修长且富有表现力，表面结构也非常明显，甚至拍摄主体上细小的隆起都会呈现出明显的影子。因此，侧光多会运用在造型方面。

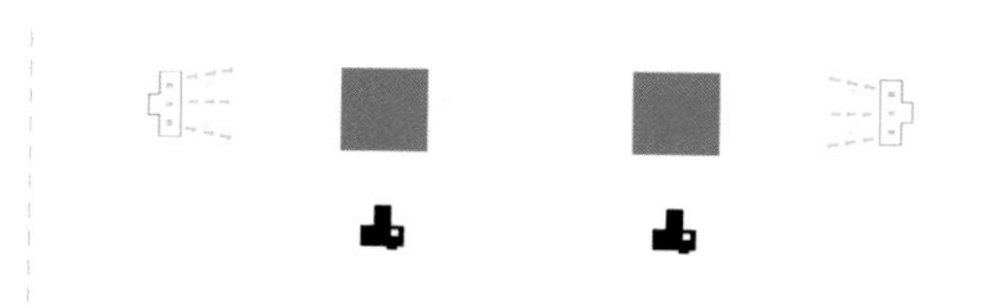

左、右侧光示意图

右侧光，静物主体的影子在主体的左侧且影子修长

左侧光，画面中的影子出现在静物主体的右侧，影子修长

16.1.4 斜侧光

所谓斜侧光，简单来说，就是指顺光方向与侧光方向之间的光线。在拍摄中，我们可以根据实际需要选择适当角度的斜侧光对拍摄场景进行布光。

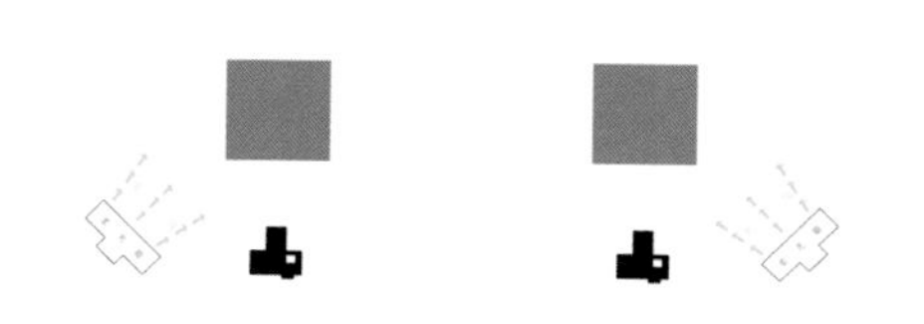

左、右斜侧光示意图

光源在静物主体的左斜侧，画面中的影子在静物主体右侧斜后方，主体立体感强

光源在静物主体的右斜侧，画面中的影子在静物主体左侧斜后方，主体立体感强

16.1.5 逆光

逆光，与自然光下定义相似，是拍摄主体处于光源和相机之间，并且三者处于同一直线。此时拍摄的照片，多会主体正面曝光不足，甚至只剩下剪影效果。

一般情况下，我们都会避免选用逆光布光的方法进行拍摄。但是，不可忽视的是，选用逆光布光的方法，可以为画面增添更浓的艺术效果。

另外，逆光拍摄时，拍摄主体的轮廓可以得到较为明显、细致的刻画。

逆光示意图

聚光灯，光线强度较高，会发现静物主体朝向相机的一面明显发暗发黑，细节丢失明显，但是，相应的静物主体轮廓线明朗

泛光灯，也就是借助柔光箱进行布光，会发现静物主体轮廓线略微柔和，且影子并没有聚光灯下那般生硬

16.1.6 侧逆光

与斜侧光相似，侧逆光是处于逆光方向与侧光方向之间的布光。

选用该种布光方法，照片中拍摄主体左前方或者右前方会形成长长的影子；另外，拍摄主体侧面被光线照射，这就有利于造型以及层次感的表现。

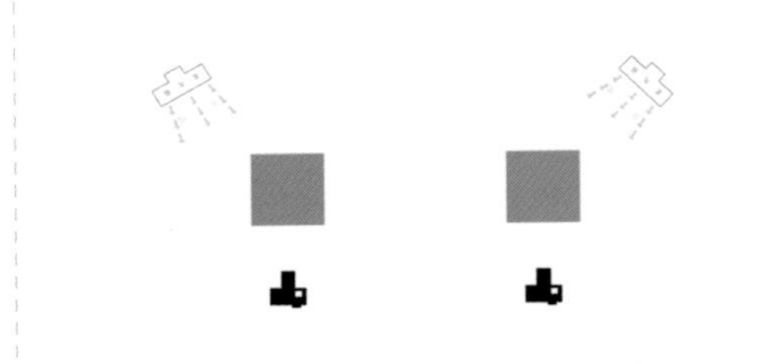

侧逆光示意图

右侧侧逆光，光源来自右侧斜后方，影子出现在主体的左前方，有明显的明暗过渡

左侧侧逆光，光源来自左侧斜后方，影子出现在主体的右前方，有明显的明暗过渡

16.2 双灯拍摄静物的布光方法

在实际拍摄中，我们会发现，很多时候使用单灯布光远远达不到我们想要的表现效果，因此，我们会根据实际拍摄需要选择双灯或者更多灯光的布光方法。

接下来，我们便来简单介绍双灯拍摄静物时的布光方法。

16.2.1 主光与辅光

我们在了解双灯布光方法之前，需要先了解主光与辅光的概念。

所谓主光，就是指我们布光时，起主要作用的那一个光源。

辅光是补充照射主光照射不到的拍摄主体其他面的光，以弥补光照的不足，起辅助作用，须配合主光使用，所以又被称为副光。

辅光一般用来平衡拍摄主体明暗两面的亮度差，主要体现在对场景中阴影细节进行补光，调节画面的光比。

需要注意的是，辅光的强度应该小于主光的强度，以免喧宾夺主。也要避免在拍摄主体上出现明显的辅光投影，即“夹光”现象。

仅用主光照射，右侧出现明显的影子

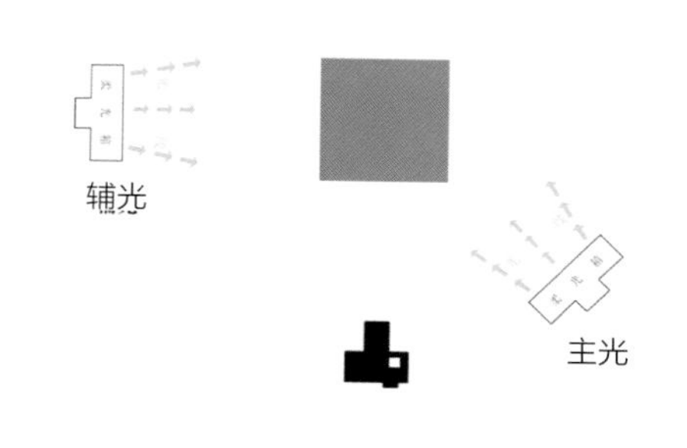

光位图

100mm
f/18
160s
ISO 100

主光作为造型光，决定着画面中的光影关系，辅光作为辅助光，使画面中的明暗关系更为柔和

16.2.2 顶光作主光

所谓顶光作为主光，就是指我们将拍摄主体顶部光源作为主要光源，并对拍摄主体进行照射。若是单独使用一个灯拍摄，会发现拍摄主体顶部有光源照射的地方明亮，拍摄出的照片中，拍摄主体除了顶部，其他部分多处在阴影之中。

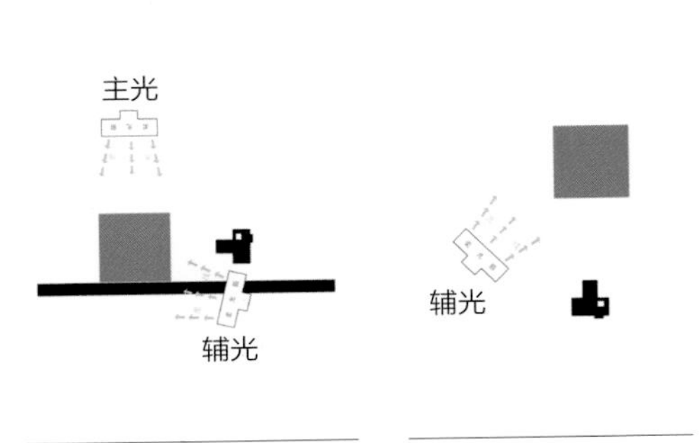

立面光位示意图　　平面光位示意图

为了使主体正面细节得到很好表现，我们就需要在侧面添加一个辅光，对主体正面、侧面进行照射，从而使照片整体清晰明亮，主体细节得到更好的表现。

仅用顶光作主光照射，主体下方出现明显的影子

100mm f/22 1/160s ISO 100

以顶光作为主光，照射饼干主体的顶部，以侧光为辅光，对饼干侧面照射，画面中主体光影变化柔和，主体也更显质感

16.2.3 侧光作主光

以侧面方向的光源作为主光，拍摄主体侧面被照射的部分明亮，然而另一侧没有照射到的部分便会处在阴影之中，造成主体细节丢失，尤其在拍摄一些棱角分明的主体时，还会造成主体平淡，缺乏立体感。

这时，我们便需要对主体没有照到光线的阴影区域进行布光，从而使拍摄主体多面都被表现。另外，在主光与辅光的影响下，画面主体更具立体感。

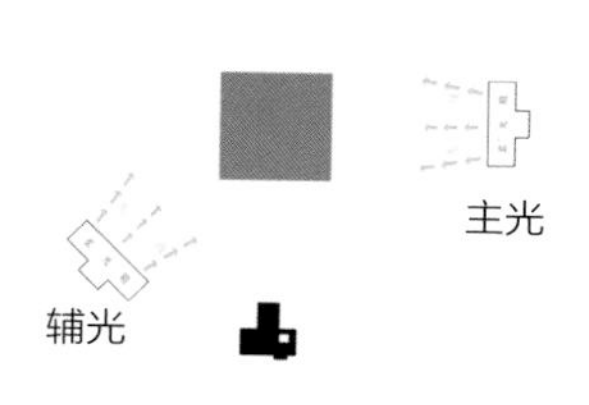

平面光位示意图

用侧光作主光照射，主体左侧出现明显的影子，主体左侧细节丢失

100mm f/22 1/160s ISO 100

以右侧光作为主光，照射静物主体，以左斜侧光为辅光，对静物主体侧面照射，画面中主体光影变化柔和，主体更显立体感

16.2.4 逆光作主光

在表现一些主体轮廓线时，可以以逆光方向的光源为主光，并在主体正面布置辅光，从而使拍摄主体更具造型感。

我们先使用主光对拍摄主体进行照射，会发现主体轮廓清晰锐利，但是，主体前方也出现阴影，且主体前面发暗不清楚。因此，我们在拍摄主体正面前方放置一个辅光灯，对拍摄主体正面进行照射，这样一来，主体前面细节得到很好表现，瓷器主体也更显洁白晶莹。

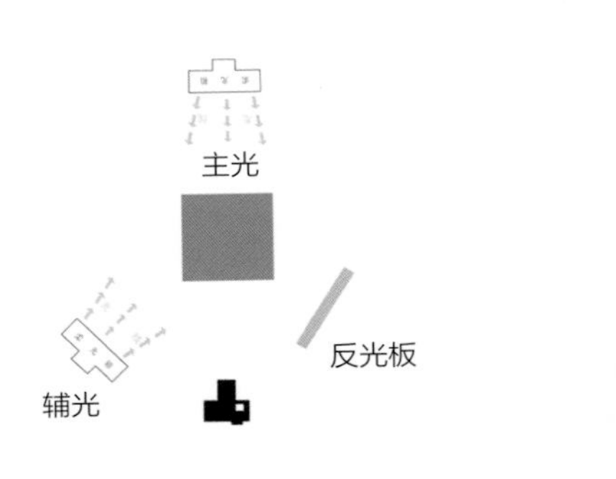

平面光位示意图

仅用逆光作主光照射，主体前方出现明显的影子

100mm f/22 1/160s ISO 100

以逆光作为主光，照射瓷器主体的背面，以斜侧光为辅光，对瓷器正面进行照射，为使光线过渡更为柔和，在静物主体的右前方放置反光板，瓷器正面、侧面光线过渡自然，瓷器主体更为洁白剔透

16.3 拍摄吸光物体的用光技巧

拍摄众多静物主体之后，会发现因为主体材质的不同，静物主体对光的吸收程度也不相同。我们在实际拍摄时，应该根据主体吸光程度，选择最佳布光方法。

我们先来了解吸光物体的用光技巧。简单来说，吸光物体对光吸收能力较强，换言之就是光线照射到这一类主体表面，不会出现较为明显的反光，其细节以及质感可以得到很好表现。另外，对于此类吸光物体，我们可以更多地表现其材质以及整体形状，比如拍摄色彩艳丽、造型独特的美食，表面粗糙的水果等。

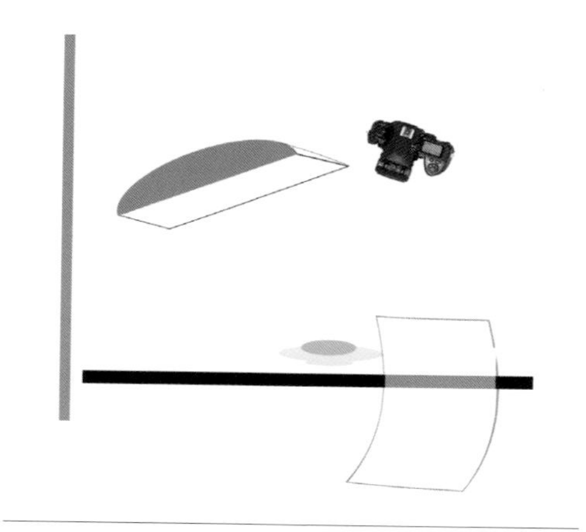

立面光位示意图

100mm f/18 1/160s ISO 100

拍摄表面粗糙的水果时，可以借助顶光和反光板为静物主体布光，从而使画面中水果更为自然

当然，除了美食与果蔬之外，我们将静物拍摄的范围扩大一点，例如拍摄盆景花卉，这些植物多属于吸光物体。

我们在布光时，可以借助柔光罩，对主体直接照射较为柔和的光线，从而使拍摄主体明暗过渡柔和，画面给人更为安逸舒适的感觉。

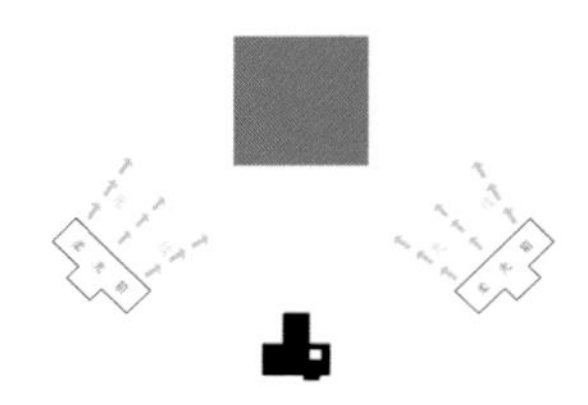

平面光位示意图

100mm f/18 1/160s ISO 100

拍摄花卉等吸光静物主体时，可以借助左、右两个斜侧光进行布光拍摄

100mm f/9 1/200s ISO 100

拍摄美食等吸光主体时，可以通过布光、布景、造型等，增添画面质感

16.4 拍摄反光物体的用光技巧

在拍摄静物时，比较难拍摄的是金属质地的高反光物体，例如各类西式餐具、刀具、银器等。它们最大的特点就是对光线有强烈的反射作用，而不像其他物体那样会出现柔和的、从亮到暗缓慢的过渡。

在拍摄高反光物体时，有经验的摄影师通常选择的都是经过散射的大面积光源。拍摄的关键是要把握好光源的外形和位置，这是因为反光物体的高光部分会像镜子一样反映出光源的形状。另外，可以放置一些黑色的吸光板，用来调整反光物体表面的明暗，或者找一些颜色鲜艳的物体放在一旁，让拍摄主体反射出这些色块来增加高反光物体的视觉厚度。

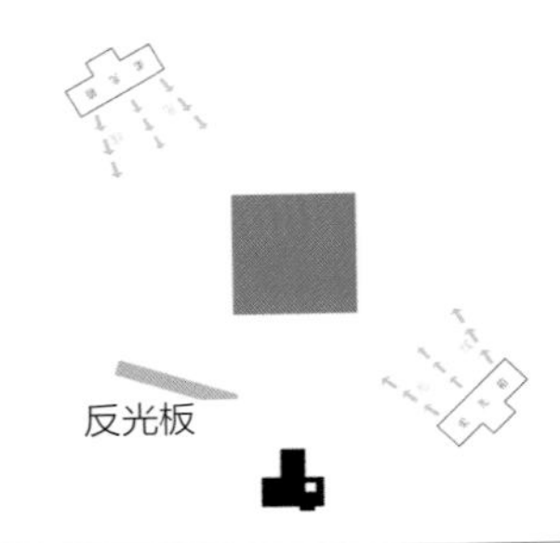

平面光位示意图

100mm f/18 1/180s ISO 100

对于反光强、表面的面状较明显、明暗反差大的金属制品，应以柔光和折射光为主，提高反差，照片中金属质感更突出

 100mm 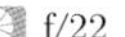 f/22 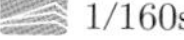 1/160s ISO 100

通过巧妙布光，可以在金属表面不同区域留下反光痕迹，将其与不反光面结合，照片中静物主体立体感更强烈

对于形状特别复杂的反光物体，布光时最常用的方法有包围法布光和半包围法布光。

包围法布光是指除了相机镜头开孔之外，在上、下、左、右布光，将拍摄主体完整地包围起来。使用这种方法拍摄，通常要在静物台上搭建一个类似于小帐篷的亮棚，然后将拍摄主体放置在棚内，在棚外四周布上光。通常，用白纸或白色织物作为帐篷的面料，并用无色透明的支架加以固定。

半包围布光是指去除全包围布光法的底光和四面包围的左前或右前两面的布光。这种布光方法能有效地减少反光物体的反光，还可以突出拍摄主体的立体感。

100mm f/22 1/160s ISO 100

在拍摄表面光滑、反光明显且造型独特的蔬菜时，可以使用拍摄反光物体的布光方式进行拍摄

16.5 拍摄透明物体的用光技巧

我们在拍摄中，还常常会接触到如玻璃杯这种光线可以直接穿透过去的静物主体。对于此类拍摄主体，我们首先要表现的便是其透明感。

具体拍摄时，若是想要表现拍摄主体透亮、透明的特点，我们在布光时，需要考虑借助光线的反射与折射原理，对主体细节进行处理。切不可将光线直接照射在这些透明的玻璃器皿上面，以免造成玻璃器皿曝光过度、透明感不显的情况发生。

从诸多拍摄经验来看，在拍摄透明主体时，多采用"亮背景黑边缘，暗背景白边缘"的方法。

50mm
f/3.2
400s
ISO 800

拍摄布置好的餐桌上的高脚杯，并以周围的桌面布置为背景，照片中会呈现出更多的生活气息

“亮背景黑边缘”的布光方法主要是利用灯具照亮物体背景光线所产生的折射效果。透明物体放在浅色背景前方合适的距离上，背景用一只聚光灯的圆形光束照明。需要注意的是，光束不能直接照射到拍摄主体上，而需要透过背景的光线穿过透明物体，在物体的边缘通过折射形成黑色轮廓线条。摄影师可以通过改变聚光的强度与直径来得到不一样的效果，光束的强度越高，直径越小，画面的整体反差就越强烈，黑边就越浓重。

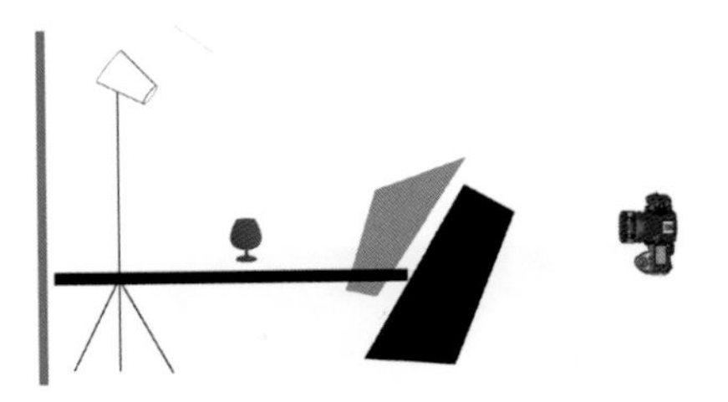

立面光位示意图

100mm
f/22
1/200s
ISO 100

借助白色背景和布光方法，拍摄出白背景黑边的效果

“暗背景白边缘”的布光方法主要是利用光线在透明物体表面产生的反射现象。将拍摄主体放在距深色背景较远的地方，拍摄主体的后方放置两个散射光源，由两侧的侧逆光照明主体，使主体的边缘产生反光。这种布光方法特别有利于美化厚的透明物体，但不易掌握，需要不断地进行调试才能达到预期的效果。此外，在运用这种布光方法时，一定要彻底清洁透明物体，否则任何灰尘或污迹都会毫不客气地被显示出来。

使用“暗背景白边缘”的方法时，曝光量的确定较为复杂，此时，可测量18%标准灰板，以这个测光值曝光，亮部分曝光过度形成白线条，而暗部也能保留适当的层次。

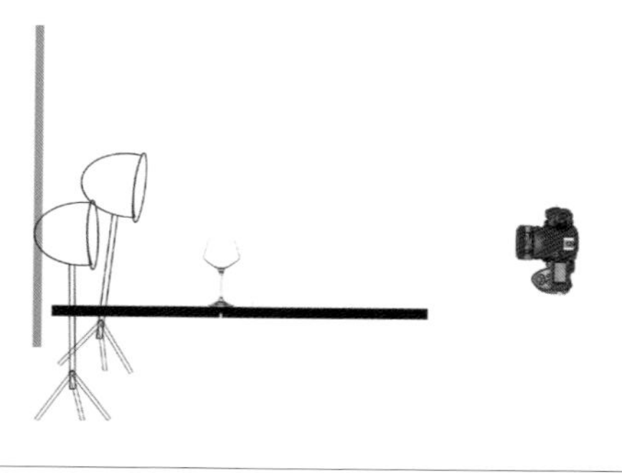

立面光位示意图

 100mm  f/22　1/200s　ISO 100

借助黑色背景和布光方法，拍摄出黑背景白边的效果

16.6 色调氛围与质感的表现

色调氛围是指我们在拍摄静物时，选用与拍摄主体色调最为和谐的光线以及场景布置。我们可以借助此色调，为照片增加浓浓情绪，使得照片故事性、生活性增强。实际拍摄时，常通过道具、色彩的选择，灯光的布置，背景的取舍去营造不同的色调，表现不同的情绪。

质感，直白来说就是拍摄主体材质。借助恰到好处的布光，我们可以在照片中更为精致细腻地表现拍摄主体的材质，使观者看到照片就有要去伸手触摸场景中材质的感觉。

通常，在表现一些主体或者背景质感的时候，可以根据主体实际材质选择适合的用光方法。比如表面比较粗糙的木和石，拍摄时用光角度宜低，多采用侧逆光；瓷器宜以正侧光为主，柔光和折射光同时应用，在瓶口转角处保留高光，在有花纹的地方应尽量降低反光；皮革制品通常用逆光、柔光，通过皮革本身的反光体现质感。

 50mm 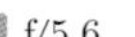 f/5.6 1/400s ISO 400

在拍摄静物时，我们可以通过色彩、布光等手段，为照片营造出更为贴近主体的氛围

100mm f/10 1/200s ISO 100

拍摄木质背景的食物时，可以借助侧光，低角度拍摄，表现静物主体所在场景的质感

第17章 初学者常见用光误区及解决方案

初学者在刚刚接触摄影的时候，在用光方面难免会遇到这样或那样的误区，只要我们多去拍摄练习，并为遇到的问题找到解决方法，我们的摄影水平一定会不断地提高，我们会成为合格的摄影师。本章，为大家介绍一些初学者常见的用光误区以及解决的方法，以便帮助我们更好地去拍摄练习。

17.1 拍摄人像时，人物脸部有杂乱的阴影

相信刚刚接触摄影的朋友都遇到过这样的问题，当拿起相机为家人或是模特拍照时，人物脸部常会有杂乱的阴影，这些阴影会使画面的整体效果美感全无，即使姿势再优美，表情再自然，杂乱的阴影也会破坏掉画面。

想要解决这一问题其实并不难，我们可以从两方面入手。

第一点，让人物到受光均匀的地方拍摄，如果是在给单人拍摄，那么可以引导人物变换姿势，让人物脸部冲着光源方向，使脸部受光均匀、阴影消失。如果是拍摄集体照，可能会遇到前排的人挡住光线，使后排的人脸部出现阴影的情况，这样一张合影照不能照顾到所有人物，便是一幅失败的合影。我们可以利用摄影师的权利指挥他们站位，按照我们的想法来引导他们站位，让后排的人物脸部没有阴影。

第二点，如果我们因为构图等想法的原因不能让模特改变拍摄方向，可以利用一些反光的物体为人物脸部补光，使人物脸部影子变浅或消失。另外还可以通过增加曝光补偿的方式，使人物脸部显得更加白皙。

人物脸部出现杂乱的阴影，画面感很差

让模特调整一下位置，使人物脸部受光均匀，画面非常优美

通过反光板对人物脸部进行补光

反光板为人物脸部补光后，能够有效避免杂乱阴影的干扰

人物脸部杂乱的阴影，破坏了画面的美感

17.2 曝光不足时一味地增加曝光补偿

在前面章节中我们已经介绍过了曝光补偿，通过增加曝光补偿，可以让曝光不足的画面变得清晰亮丽。不过，曝光补偿虽然能够改变画面曝光，但遇到曝光不足的画面时，也不能一味地增加曝光补偿，而不去改变感光度、光圈、快门速度等曝光参数，过度增加曝光补偿，虽然会提高画面的曝光量，但画面会显得苍白，主体的色彩也会显得不够饱和，所以我们要学会适当增加曝光补偿，并搭配其他曝光参数一起使用。

当遇到画面曝光不足时，可以适当增加曝光补偿，并且配合降低快门速度，使光线进入相机的时间更长。也可以配合改变光圈的大小，使用大光圈以增加进光量。还可以提高相机的感光度，让画面曝光更加充分，画面更明亮，主体颜色也不会显得苍白缺少吸引力。

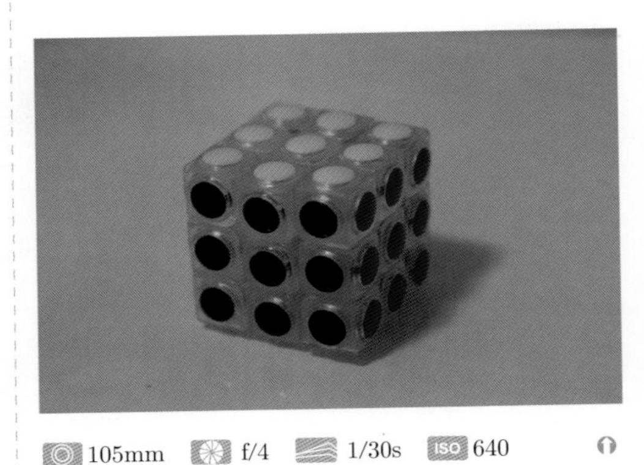

105mm f/4 1/30s ISO 640

拍摄彩色魔方时，曝光不足导致画面偏暗

105mm f/4 1/30s ISO 640

只通过增加曝光补偿（增加2挡曝光补偿）来提高画面亮度，画面颜色表现得比较苍白

105mm f/4 1/10s ISO 640

适当增加曝光补偿（增加0.5挡曝光补偿），并配合调整快门速度，得到的画面亮丽，色彩鲜艳

224mm f/10 1/250s ISO 200

拍摄动物时，曝光不足，动物显得有些脏

300mm f/7.1 1/250s ISO 200

适当增加曝光补偿（增加0.5挡曝光补偿），并配合调整光圈，得到明亮的画面，动物也显得很干净

17.3 通过显示屏回看画面时总觉得画面过暗

在相机上回看照片时，感觉照片偏暗，可是拿回家在电脑上看时，其实曝光是准确的，这很可能与拍摄参数无关，而是相机显示屏的问题。

无论是佳能相机还是尼康相机，或是一些其他品牌的数码相机，基本上都有控制显示屏亮度的设置，这种设置目的是方便我们在不同光线环境中进行回看。比如在夜晚光线暗的环境里，我们要把显示屏亮度调低，因为屏幕太亮会晃到我们的眼睛，还可能干扰到拍摄环境；如果是在白天比较亮的环境拍摄，显示屏就要调亮，显示屏亮度太低，照片也会显得很暗。

不过，我们最需要注意的，就是很多相机都具备显示屏自动亮度调节功能，相机上会有一个感应装置对所在的光线环境做出反应，如果在比较暗的环境中，相机显示屏会自动调低亮度，这种功能有时会干扰到我们回看照片。比如在白天比较亮的环境中拍摄，但是在回看照片时，相机在我们的影子或是其他景物的影子中，就会自动将显示屏调暗，照片就会显得过暗，如果不知道这个功能，会以为是照片曝光不足。避免这一情况发生的方法有两个：第一，在白天拍摄时，将显示屏亮度设置为手动调节亮度，并将亮度调高；第二，在自动调节亮度模式下，将显示屏对着亮部区域多按两次回看按钮，那样相机会根据光线环境做出调整，让画面变亮。

显示屏亮度过低，照片就像曝光不足一样

提高显示屏亮度，照片显示得更为真实

100mm f/3.5 1/400s ISO 100

利用大光圈拍摄花卉，使花卉主体得到突出体现，画面也显得很亮丽，并且不会受到显示屏亮暗的影响

17.4 在夜晚拍摄时，得到的画面是黑的

有很多刚刚接触摄影的朋友都会遇到这样的情况，在夜晚兴致勃勃地拿起相机外出拍照，却发现拍摄的画面漆黑一片，有时在白天光线较弱的地方拍摄，也会得到漆黑的画面。造成画面漆黑的原因主要还是曝光问题，环境中的光线太弱，进入相机中的光线不够充足才使画面漆黑一片。

解决这一问题有很多种方法。

第一，我们可以把快门速度调慢，比如在夜景拍摄时快门速度是1/120s，但得到漆黑的画面，我们可以把快门速度调到1/60s或是更慢，让光线进入相机的时间更长一些，这样就可以让画面更加明亮。

第二，我们可以把相机的光圈调大，使进入相机的光线更多一些，但一般光圈值的大小都有局限，还是需要搭配降低快门速度使画面更加明亮。

第三，我们可以调整相机的感光度，以此来提高画面亮度，但需要留意画面产生的噪点情况，因为我们将感光度调得越高，画面越容易产生颗粒状的噪点。不过一些高端的数码单反相机控噪能力还是很不错的，有些在ISO 6400情况下也能表现出优秀的画质。

另外，如果我们处在非常微弱的光线环境中，也可以将这3种方法结合起来使用，即将快门速度调慢，光圈调大，并将感光度调高，这样可以更有效地提升画面亮度。

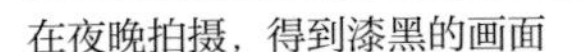

105mm f/4 1/3200s ISO 800

在夜晚拍摄，得到漆黑的画面

105mm f/4 1/125s ISO 4000

通过提高感光度以及降低快门速度的方式，可以得到明亮的夜景画面

17.5 在夜晚拍摄的画面总是模糊不清

在夜晚拍摄时，我们不光会遇到画面漆黑的情况，还会遇到画面总是模糊不清的情况，原本绚丽的夜景却是模糊的，这会影响我们的拍摄欲望。造成画面模糊的原因一般有两种，一种是没有对画面主体对焦造成主体焦点不实产生模糊；另一种是相机的快门速度过慢，拍摄时的抖动使画面模糊。而在拍摄夜景时产生的画面模糊，后者是主要原因。

我们在前面已经介绍过，可以通过调慢快门速度来增加画面亮度，但如果相机的快门速度过低，低于安全快门时，那么微小的相机晃动也会让画面模糊，哪怕是我们按下快门时的轻微抖动都会影响到画面。我们所说的安全快门，简单来说就是使照片不模糊的最慢快门速度。安全快门与我们使用的镜头焦距关系密切，通常安全快门就是焦距的倒数，比如我们使用的是一支80mm的镜头，那么安全快门就是1/80s（如果是APS-C画幅，则需要乘以镜头转换系数1.6，那么安全快门则为1/128s）。

在夜晚拍摄，快门速度常常会低于安全快门，为了得到清晰的画面，我们需要利用三脚架来稳定相机拍摄，如果没有三脚架，也可以利用环境中的固定物体作为支撑，比如石墩、栏杆等物体。只有保持相机最大程度稳定，才能得到清晰的夜景画面。

快门速度过慢，导致夜景画面非常模糊

将相机固定在三脚架上拍摄。夜景拍摄时，三脚架是不可缺少的装备

35mm
f/4
1/50s
ISO 400

将相机固定在三脚架上拍摄，使相机有一个稳定的拍摄环境，可以得到非常清晰的夜景画面

17.6 用三脚架稳定相机后画面还是有些模糊

无论我们在白天拍摄还是在夜晚拍摄，三脚架都可以保持相机的稳定，保证画面的清晰，但有几种画面模糊的情况是三脚架不能够解决的，即使我们使用三脚架稳定了相机，画面还是有些模糊。

第一种是在拍摄微距画面或者在使用超远摄镜头时，即使我们把相机安装在了三脚架上，还是会因为相机一些极其轻微的抖动影响画面，这个轻微的抖动是相机内的反光镜抬起而产生的。解决这一问题的方法其实很简单，我们将相机设置为反光镜预升模式就可以了，这是一种在曝光前将反光镜从光路中升起的模式，从而降低在拍摄过程中因反光镜升起而产生的极小震动，以便得到更加清晰的照片。

需要注意的是，在反光镜预升情况下切记不要将镜头对准太阳，否则太阳的热量会烧坏相机的快门幕帘。

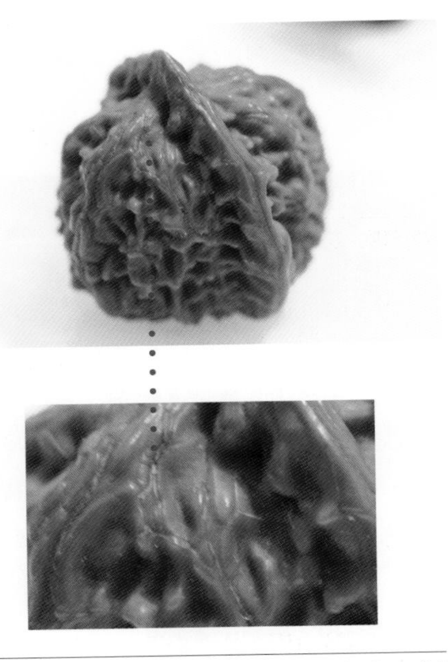

拍摄微距时，未开启反光镜预升，画面放大后，可以看出画面并不是很清晰

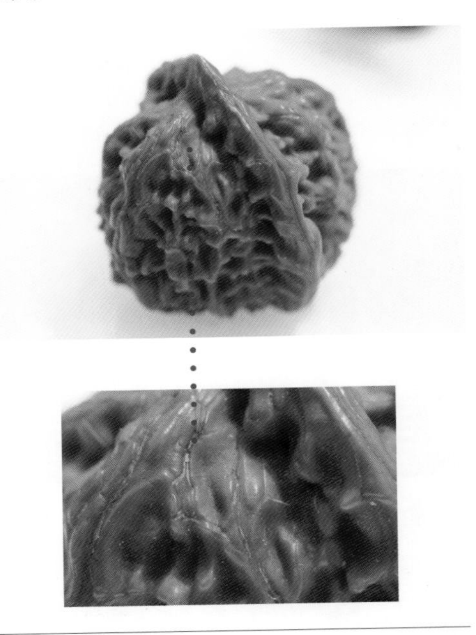

拍摄微距时，开启反光镜预升，画面放大后，可以看出画面依然很清晰

尼康相机的反光镜预升功能一般是在机身上设置

佳能相机的反光镜预升功能一般是在相机菜单中设置

第二种使画面模糊的情况并不是相机内部的设置原因，而是镜头的原因，镜头被无意中摸脏有手印，也是造成画面模糊的主要原因。我们平时要多注意相机的清理和保养，拍摄前要使用擦镜纸将镜头擦干净。

另外在镜头方面，影响画面模糊的原因还有一种情况，这种情况通常是在夜晚拍摄时遇到的，就是镜头上装有UV镜。我们在购买单反相机时，相信身边一些懂摄影的朋友都会建议买一支UV镜，UV镜有过滤杂光的效果，同时还可以保护我们昂贵的镜头不被磨损。但是在夜晚拍摄时，由于夜晚光线很杂乱，如果没有卸下UV镜，便很有可能造成画面模糊，甚至出现鬼影现象。解决这一问题的方法也很简单，只要卸下UV镜拍摄就可以了。

擦镜纸

球体气吹

相机镜头上的UV镜

卸下镜头上的UV镜拍摄

未卸下UV镜拍摄的效果，画面显得不够清晰

卸下UV镜之后拍摄的效果，画面显得更加干净、通透

17.7 拍摄的画面与真实景物有色彩偏差

细心的朋友会发现，在有些场景中，相机拍摄的画面会与我们人眼看到的画面有色彩偏差，这种情况常会在室内拍摄时遇到，比如在室内暖色调的灯光环境下拍摄，画面便会偏向于黄色，而在有荧光灯的室内拍摄，画面便会偏向于蓝色，这些都与我们人眼看到的画面有偏差。

这种情况发生的原因是什么呢？其实在前面介绍色温与白平衡时我们已经讲到了，这是由于我们看到一个场景后，人眼和大脑会自动纠正这种色彩偏差，而相机不能，相机会机械地记录下这种色彩的画面，导致我们人眼看到的与相机记录下的产生色彩偏差。解决这一问题的方法非常简单，只要根据现场的光线环境设置相机的白平衡模式，便可以纠正相机的色彩偏差。另外，不光是在室内，在室外拍摄时，太阳光线在不同时段的色温也会不同，会使画面造成色彩偏差。

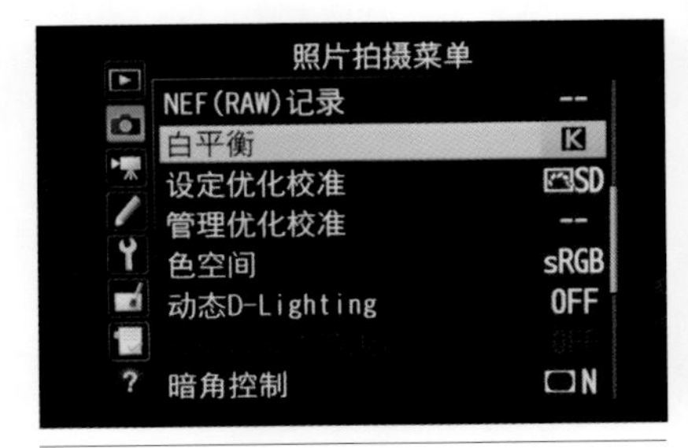

尼康相机中的白平衡设置菜单

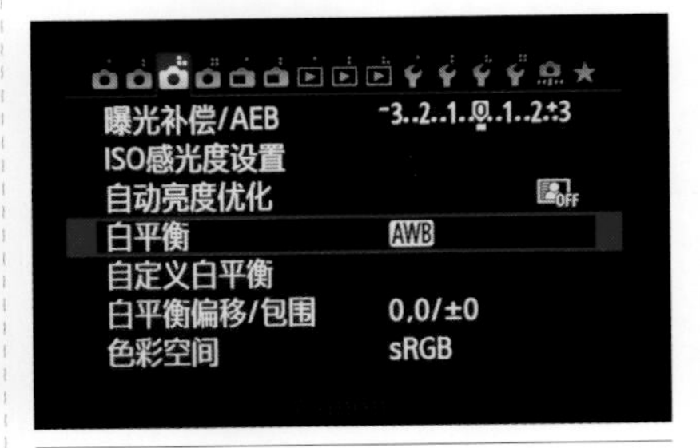

佳能相机中的白平衡设置菜单

在暖色调的白炽灯照射下拍摄水果，得到色彩偏黄的画面

通过调整相机的白平衡设置，可以纠正画面偏黄的色彩，使画面色彩更倾向于我们肉眼看到的效果

在冷色调的荧光灯照射下拍摄，得到色彩偏蓝的画面

通过调整相机的白平衡设置，可以纠正画面偏蓝的色彩，使画面色彩更倾向于我们肉眼看到的效果

17.8 在室内拍摄人像时画面总是虚的

有一种情况是摄影初学者常会遇到的，那就是在室内拍摄人像时，人物总是虚的，本想使用高画质的数码相机记录下人物的生活瞬间，却得到模糊的画面，还不如使用手机拍摄。其实在室内拍摄出模糊的人像，与在夜晚得到虚焦的画面道理是一样的，大都是快门速度过慢，相机不够稳定导致的，解决的方法也很简单。

我们可以增加快门速度，让快门速度在安全快门之上，并且提高相机的感光度以保持画面的曝光充足。如果提升快门速度和提高感光度不能满足曝光要求，得到曝光不足的画面，也可以将快门恢复到安全快门之下，但此时需要利用三脚架或是沙发等家具来稳定相机，保证相机的稳定，才能使得到的画面更加清晰。另外我们还可以引导模特，让模特站在光照好的地方拍摄，比如在灯光照射充足的地方拍摄，或是在白天有阳光的阳台拍摄。

为相机配备三脚架，可以保证画面的质量

拍摄者的抖动，导致画面中的人物成虚焦状态

利用三脚架稳定相机后，得到清晰的人物照片

385mm
f/45.6
1/5600s
ISO 4100

可以让人物站在光线充足的窗户旁边，从窗户进来的光线会对人物进行补光，这样可以使相机有一个安全的快门速度，得到清晰的人像照片

17.9 快门按不下去，相机对不上焦

我们拿起相机拍照时，有时会遇到按不下快门的情况。通常，按不下快门的直接原因是相机在自动对焦模式下还没有对上焦。在以下两种情况下会出现相机对不上焦的情况。

第一种，在弱光环境中，相机会出现对不上焦的情况，尤其是在夜里，如果画面中没有比较明亮的事物，相机就很有可能对不上焦。这是因为在漆黑的环境里，物体都没有光亮，相机找不到可以对焦的区域，也就无法完成对焦拍摄。解决这一问题的方法非常简单，有些相机拥有对焦辅助灯功能，只要开启对焦辅助灯，便可以帮助我们在弱光环境下顺利对焦拍摄；我们也可以利用手电筒照亮想要对焦的区域，之后再半按快门完成对焦，对焦指示灯亮起后关掉手电筒，便可以按下快门完成拍摄。

手电筒可以帮助我们辅助对焦

数码单反相机上的对焦辅助灯

在漆黑的弱光环境中拍摄

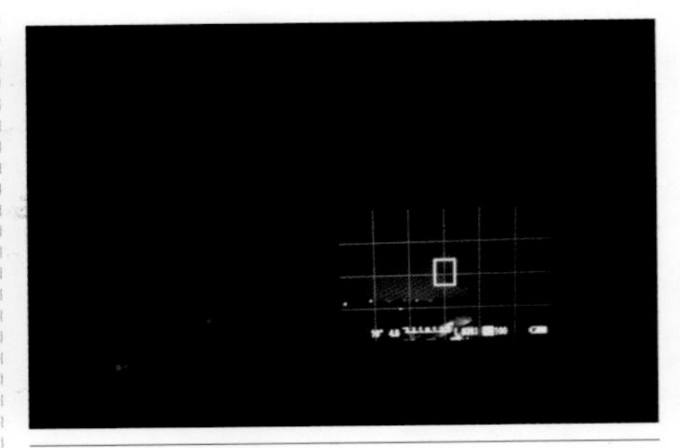

相机找不到可以对焦的地方

用手电筒照亮一个想要对焦的区域

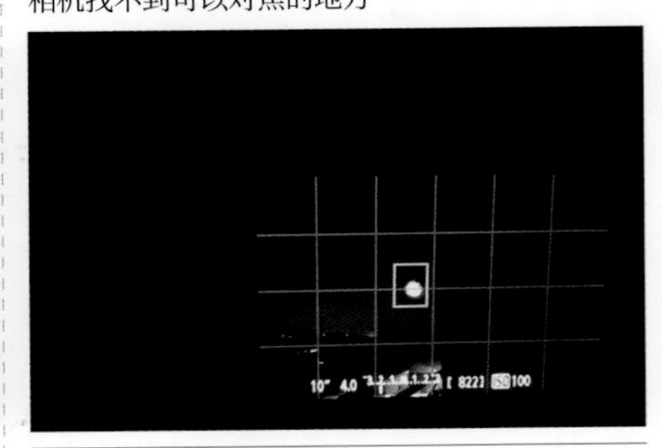

对手电筒照亮的区域进行对焦

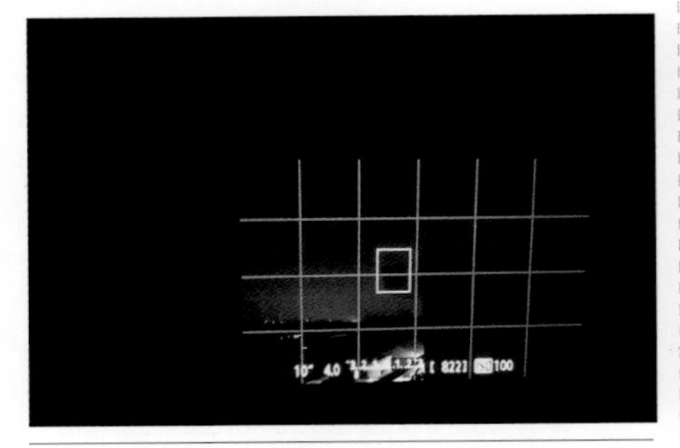

成功对焦后，关掉或移走手电筒，避免光点出现在照片中

按下快门拍摄，得到想要的画面

第二种，在我们拿起相机想近距离拍摄小物件的细节特征时，不管怎么按快门，只听到对焦环在自动地转动，可快门却始终按不下去，这就说明相机还没有对主体合焦，而这其中最有可能的原因，就是镜头离物体太近。在镜头上，都会标有最近对焦距离，就是镜头与物体的最近距离是多少，比如佳能EF 24-105mm f/4L IS USM镜头上标会有MACRO0.45m/1.5ft，这就代表其最近对焦距离为0.45m，所以在拍摄时如果对不上焦，我们可以试着走到离物体更远一点的地方进行拍摄。

以佳能相机搭配佳能EF 24-105mm f/4L IS USM镜头为例，最近对焦距离的示意图

100mm f/7.1 1/400s ISO 100

近距离拍摄精美的小饰品，可以将小饰品的细等特征很好地展现在画面中

17.10 使用闪光灯拍摄，主体太亮而背景漆黑一片

闪光灯是我们在夜晚拍摄时常会用到的补光工具，有些数码相机会自带闪光灯功能，有些需要我们外接闪光灯。但用过闪光灯拍照的朋友都会遇到这样的问题，由于闪光灯不能同时照亮背景环境，这就会使画面中离相机近的主体受光充足，而背景却处在漆黑的环境里，整体画面表现得很生硬。

如果有条件，我们可以打开能够照亮背景的光源，对背景进行补光，以此减小主体与背景的光比反差。也可以将快门速度调低一些，来增加背景的曝光量。还可以调高相机的感光度，从而得到背景明亮的画面。

另外，我们在使用闪光灯时，并不需要将闪光灯直接对着主体闪光，可以让闪光灯对着可以反光的天花板或者是白墙，这样间接通过白墙或天花板补光，使主体与环境的光比减小，拍摄的画面会更自然。

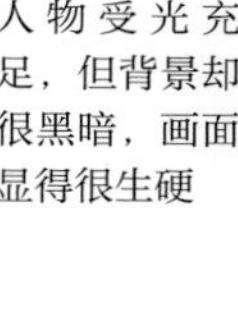

闪光灯对着人物主体闪光，人物受光充足，但背景却很黑暗，画面显得很生硬

将闪光灯朝向旁边可以反光的地方，并且提高相机感光度，得到人物和背景都清晰的照片

85mm
f/4
1/60s
ISO 100

夜晚拍摄人像照片，背景有交代环境、衬托主体的作用，所以拍摄时尽量让背景也清晰展现在画面中，无论背景是虚焦还是实焦

17.11 在背景明亮的环境拍摄，人物主体曝光不足

有很多初学者在使用相机时习惯将相机的测光模式设置为评价测光，这种测光模式在一般的场景中使用起来确实很方便，能够适合大多场景，但如果是在背景比较明亮的场景中，这种设置会很容易得到人物主体曝光不足的画面。这是因为相机在进行评价测光时，会对画面整体进行测光，如果画面背景非常明亮，相机会认为整幅画面的光线都很充足，因此会自动调节曝光量，从而压暗画面，使画面曝光不足。

解决这一问题的方法非常简单，如果我们遇到主体的光照没有背景光照充足的情况，可以将相机改为点测光或是区域测光模式，让相机只对画面主体测光，这样得到的测光值会更加准确，主体能够在画面中清晰地展现出来。

当背景环境很明亮，人物主体比较暗时，评价测光会导致画面曝光不足

当背景环境很明亮，人物主体比较暗时，使用点测光对人物脸部进行测光，可以得到人物清晰明亮的画面

85mm
f/2.8
1/600s
ISO 100

点测光是非常精准的测光模式，画面中的人物背景很明亮，但利用点测光对人物脸部测光拍摄，可以使人物脸部清晰呈现在画面中，画面整体也亮丽、清新

17.12 拍摄剪影画面时，主体形成的剪影不明显

在逆光环境下拍摄景物的剪影效果，会使画面充满浓厚的艺术气息，有很多摄影爱好者都热衷于拍摄剪影作品，但也有摄影初学者会遇到这样的情况，在逆光环境下拍摄，景物所形成的剪影效果并不明显，画面效果也不够吸引人。

增强剪影效果的方法有很多种，首先，我们可以改变一下测光方式，将相机的测光模式设置为点测光，利用点测光拍摄剪影可以使剪影效果更加明显。除了设置测光模式，测光位置的选择也很重要，想要使景物的剪影效果更加明显，要对画面的高光位置进行测光，那样才可以压暗主体，使主体形成剪影效果。另外，在拍摄时我们还可以降低1～2挡的曝光补偿，这样也可以增加主体的剪影效果。

对天空的高亮部分进行测光，将画面大幅度压暗，让主体的剪影效果更加明显

180mm f/6.5 1/200s ISO 400

在黄昏时分，将塔吊以剪影的方式呈现在画面中，使画面充满浓厚的艺术气息

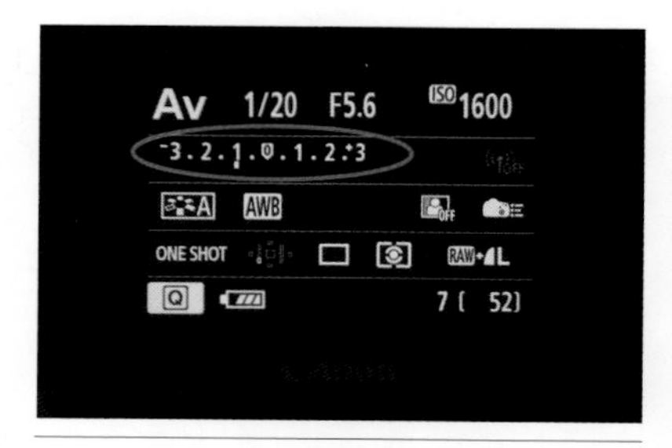

佳能相机中，降低一挡曝光补偿后的界面图

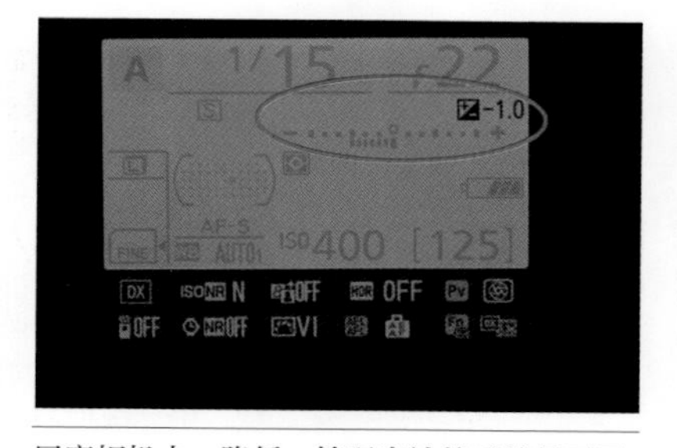

尼康相机中，降低一挡曝光补偿后的界面图

165mm f/5.6 1/600s ISO 100

在拍摄古代建筑的剪影效果时，如果剪影效果不够明显，我们也可以通过降低1挡曝光补偿的方式，使剪影效果更明显

如果前期拍摄的剪影照片剪影的效果不是很明显，我们也可以通过后期调整的方式让剪影效果更完美。比如可以在Photoshop软件中适当增加画面对比度，就可以让剪影效果更明显。

原片中剪影效果不是很明显

后期调整画面整体的对比度，剪影效果更明显了

18

第18章

后期软件调节曝光

对于那些曝光或者色彩存在不足的照片，我们可以借助后期软件进行调节，从而弥补拍摄中存在的不足。

本章先简单介绍目前较为常用的几款后期处理软件，然后着重介绍Photoshop软件中灵活便捷的Camera RAW插件，并且介绍使用该插件处理一些常会遇到的问题。

18.1 常用软件介绍

目前，照片后期处理软件越来越多，其功能也越来越强大，这里，我们主要介绍几款常接触到的后期处理软件。

18.1.1 丰富多彩的美图秀秀

美图秀秀是一款多平台的免费图片处理软件，它操作简便，不需要经过任何系统学习也可轻松掌握其使用方法，非常适合用来快速地处理上传到网络的照片。

美图秀秀软件为我们提供了丰富的后期处理功能，独有的图片特效、美容、拼图、场景等功能可以让使用者仅仅花费几分钟的时间就完成非常复杂的后期处理操作。除了PC平台，该款软件还适用于Android、iOS等多种平台，受到广泛好评，在图片处理软件排行榜中长期处于高位。

美图秀秀软件界面设计简洁明了，可以让使用者更方便地查找各种功能。另外，该软件支持多种语言，可以满足各种不同人群的使用需要，整合了复杂的后期图片处理操作，令这些繁杂的操作可以通过单击一个按钮来让程序自动完成。该软件还提供了强大的在线支持，可以通过互联网实时更新软件的各种内容。

不过，需要注意的是，在使用该软件对照片进行后期处理时，可能会较大地影响原图片的质量或细节，在对照片进行后期调整之前备份原片是很好的习惯。

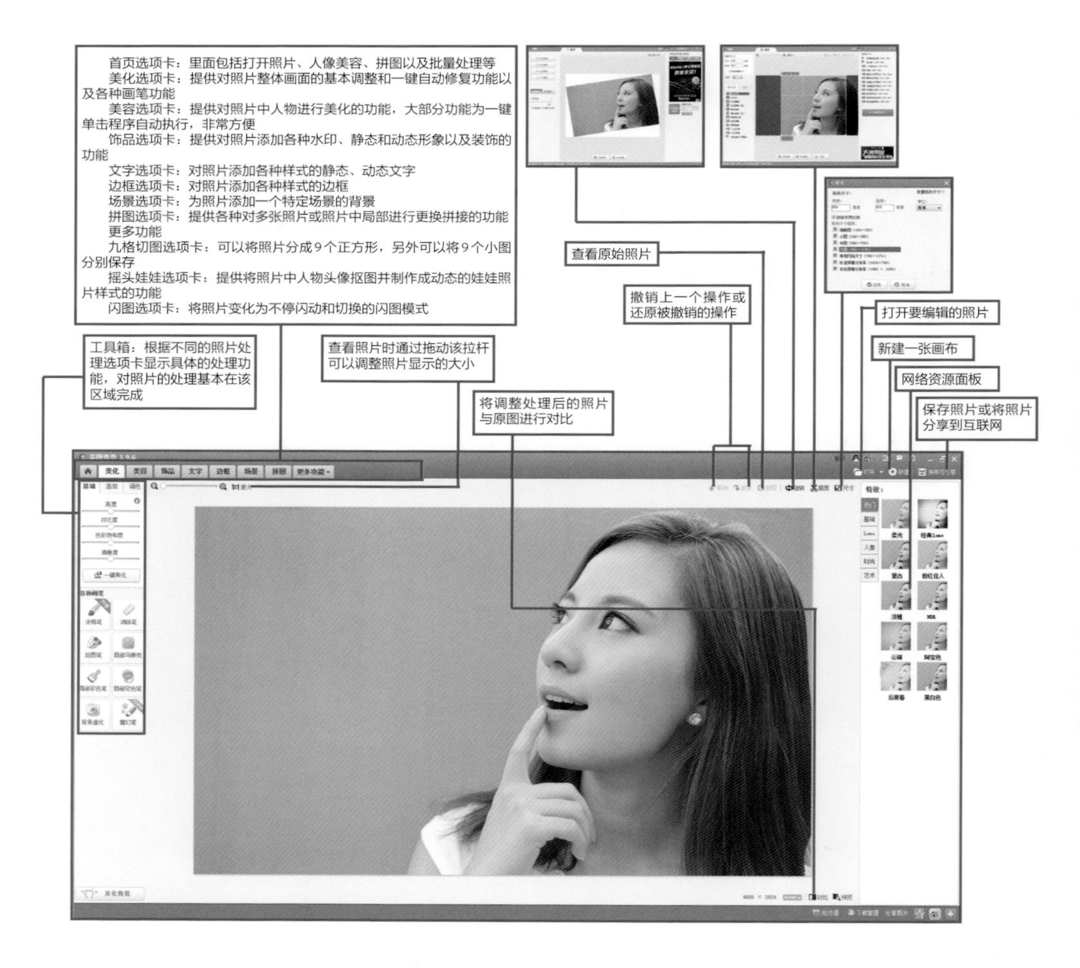

18.1.2 操作简单方便的光影魔术手

光影魔术手是国内应用最广泛的图像处理软件之一，被多家权威媒体评为2007年最佳图像处理软件。光影魔术手的主要功能是对照片进行修补以及增加各种特殊效果。

软件本身自动化程度很高，不需要任何专业的图像技术，就可以制作出经过复杂处理的照片效果。软件采用的是一键集成模式，只需单击一个按钮，软件就会按照事先预设的程序进行一些复杂的照片优化操作，是摄影作品后期处理、图片快速美容、数码照片冲印整理时非常好用的图像处理软件。

光影魔术手在安装完成后，由于工具栏图标较大，建议使用1024×768以上的屏幕分辨率。

在程序安装完成后，图片文件与光影魔术手软件会自动相关联。当我们需要用这款软件处理某张照片时，只需要用鼠标右键单击照片，从列表中选择用光影魔术手打开即可。

另外要提醒的一点是，光影魔术手在对照片进行处理时会导致照片损失部分细节，最好在处理前保存原片。

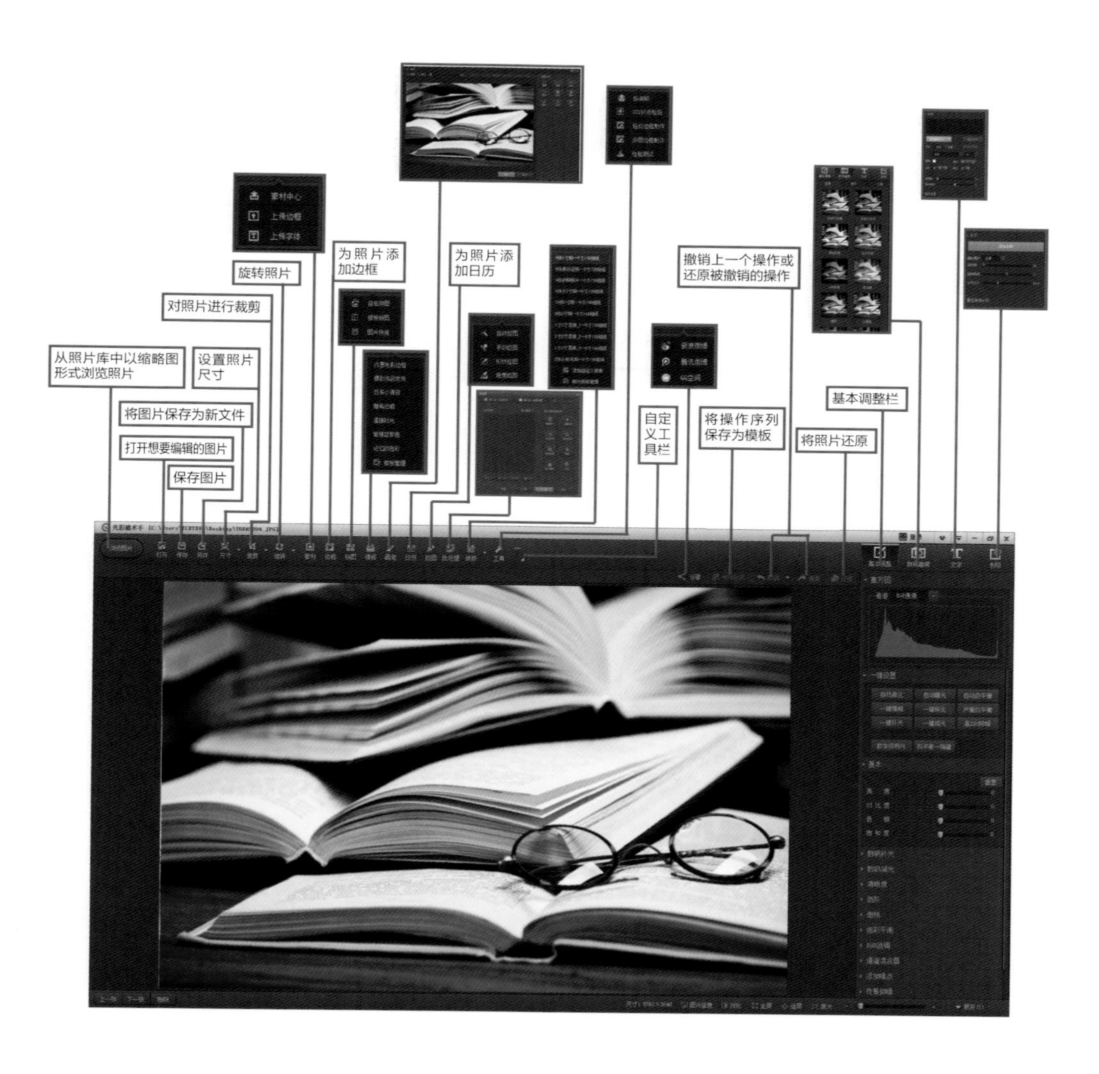

18.1.3 专业强大的Photoshop与Camera RAW插件

Photoshop是Adobe公司旗下享誉世界的图像处理软件之一，是集图像扫描、编辑修改、图像制作、广告创意、图像输入与输出于一体的专业图像图形处理软件。其功能之强大、应用领域之广泛、技术手段之专业，都是其他图像处理软件难以企及的。因此，图片的后期处理过程如今也通常用PS（Photoshop软件的缩写）这一说法来代替。

虽然Photoshop是一款专业的图像处理软件，但其界面仍旧比较直观，即使是非专业人士，经过入门的学习以后，也可以将该软件在照片后期处理中的作用发挥出来。

Photoshop在对照片进行后期处理的工作中具有以下的优势。

（1）该软件对照片进行处理时不会让照片损失任何细节，能够保证照片的画质。

（2）软件可以对照片进行极其细微的自定义调整，使照片的每一个细节都表现得非常优异。

（3）软件在对照片进行后期调整后可以后缀名为psd的文件保存，将整个照片调整的每一个过程都记录下来。

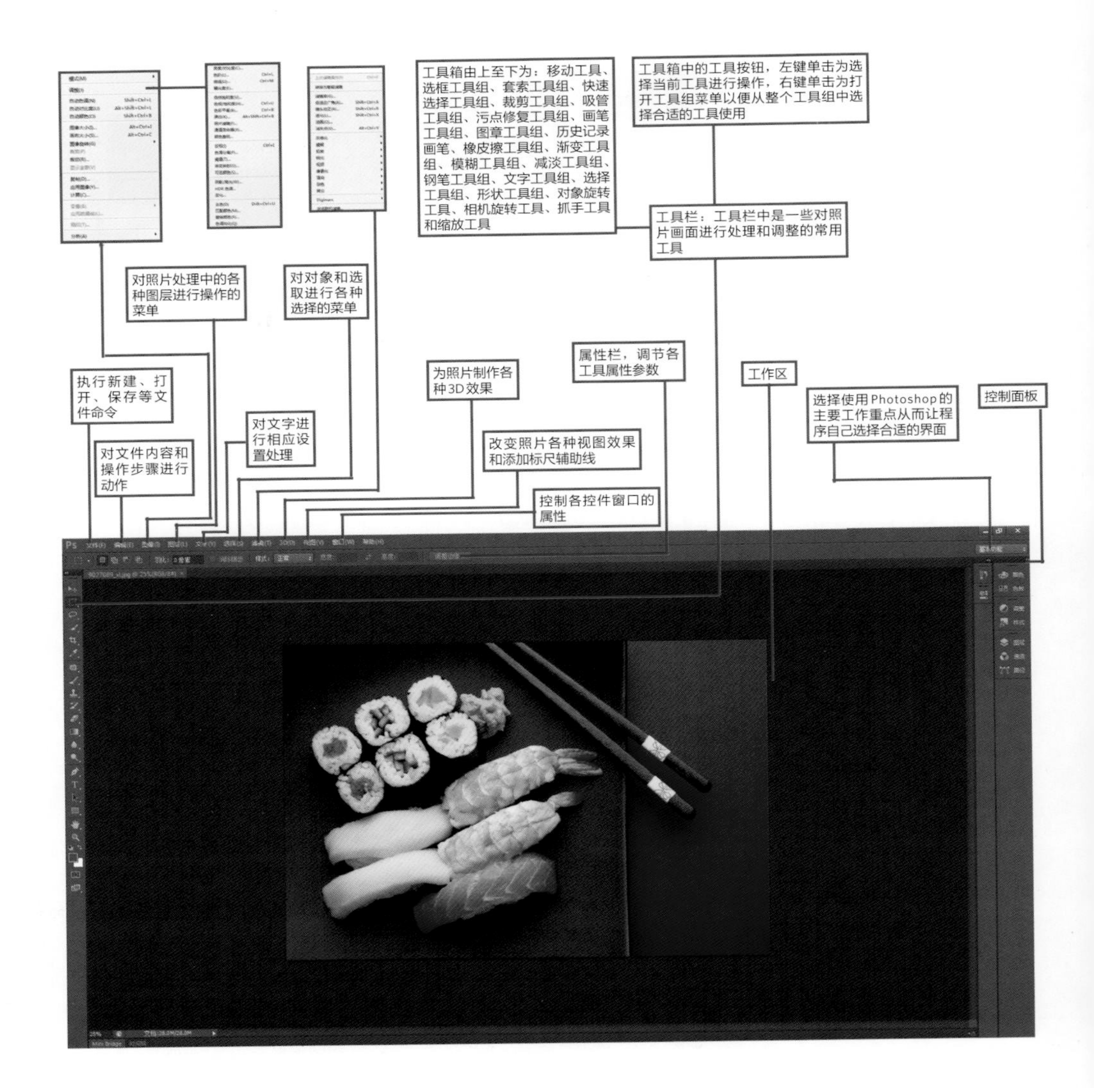

Photoshop软件中的Camera RAW插件，其在调色方面可以更为灵活细致地完成对照片色彩的处理，尤其是在解决照片发灰、颜色不准确以及进行特殊色调处理时，其可以发挥重要作用。

这里我们先来简单了解一下这款插件的操作界面及功能。

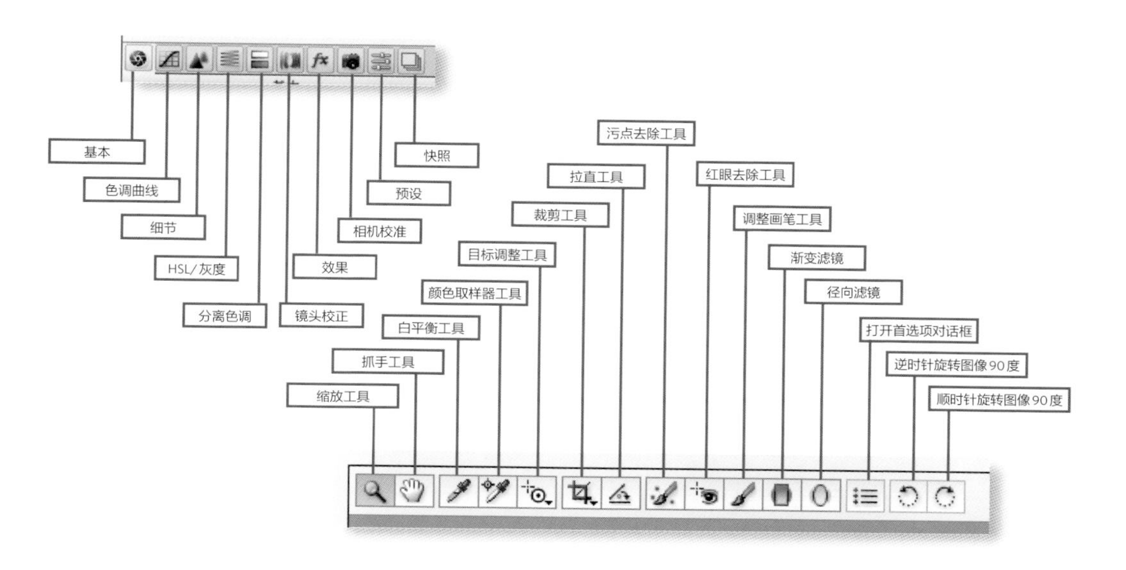

18.2 如何补救曝光不足的照片

在拍摄中，由于不同原因，会导致照片曝光不足，对于这一类照片，可以通过后期软件对照片曝光进行调整。

一般来说，曝光不足的照片，其最大问题便是照片中主体偏暗，也因为偏暗的原因，导致照片色彩等没有达到最佳效果。在后期处理时，我们会主要调节软件中的“曝光”选项，增加曝光量，从而纠正曝光不足的问题。

原图：照片整体偏暗，儿童皮肤发暗，海水色彩暗淡

85mm　f/2　1/2000s　ISO 100

后期处理之后，照片曝光准确，儿童肤质嫩白细腻，海水清澈

首先，将需要处理的照片放在软件中并打开，调节Camera RAW 插件右侧“曝光”选项，向右拖曳滑块至“+0.95”的位置，从而增加照片曝光量。

其次，为使照片中亮度更为自然，我们还可以使用“高光”“阴影”“白色”“黑色”滑块，对照片中亮部或者暗部区域进行调节。

后期处理步骤

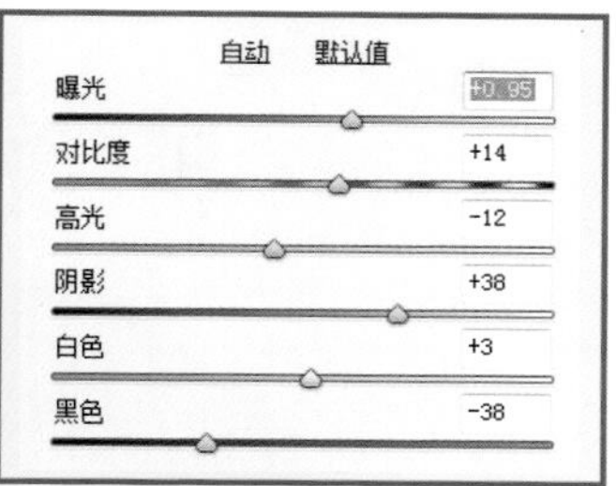

调节Camera RAW 插件中的“曝光”选项

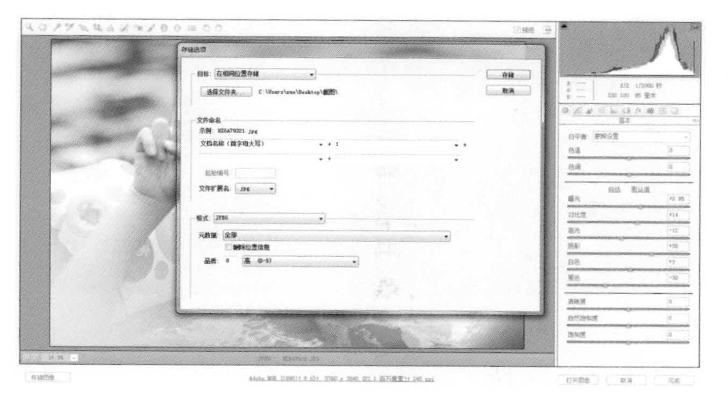

最后，照片处理完成，存储照片。

18.3 如何补救曝光过度的照片

有曝光不足的问题，当然也会出现曝光过度的情况。需要注意的是，曝光过度的照片并不是都可以得到补救，对于那些曝光明显过度，亮部细节丢失明显的照片，我们即便将照片亮度降下来，也没有办法使照片中亮部细节恢复。

因此，在处理曝光过度的照片时，我们需要观察照片中细节是否存在严重丢失现象，从而确定照片是不是有更多的恢复空间。这也是为什么在曝光中存在着“宁可曝光不足，也不让照片曝光过度”的说法。

原图：照片曝光过度

40mm f/4.5 1/1000s ISO 200

对于照片曝光稍微过度的照片，我们可以通过后期软件进行处理首先，将需要处理的照片放在软件中并打开，调节Camera RAW 插件右侧“曝光”选项，向左侧拖曳滑块至“-1.20”的位置，从而整体减少照片亮度，使照片整体曝光准确。

后期处理步骤

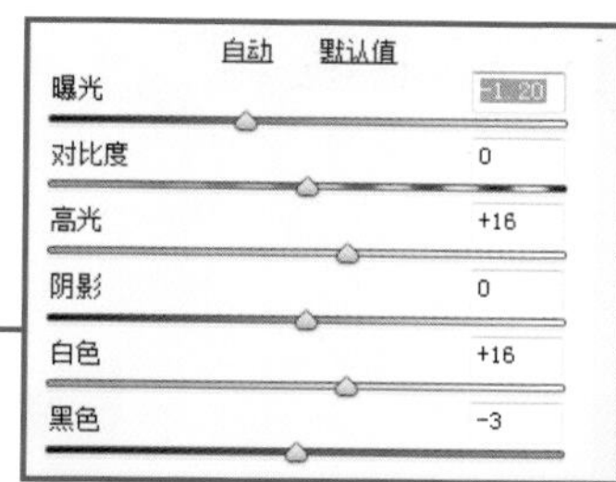

调节Camera RAW 插件中的“曝光”选项

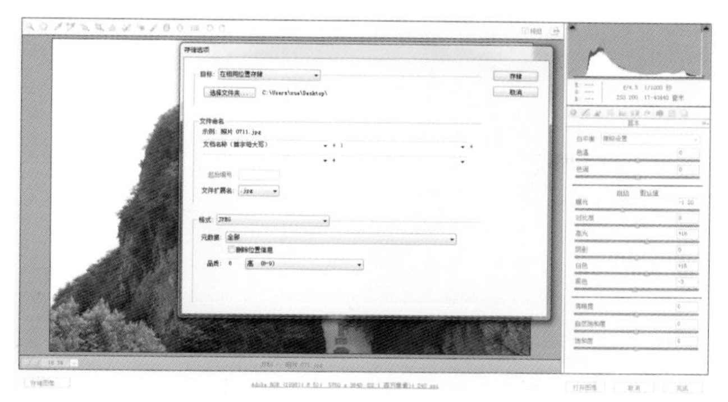

然后，照片处理完成，存储照片。

18.4 如何调整局部曝光

从前面的调整中我们会发现，调整“曝光”滑块，可以对照片整体亮度进行调节；调节“高光”“阴影”“白色”“黑色”滑块，可以调整照片中相对应区域。

接下来，我们简单了解一下使用“调整画笔工具”调整照片局部曝光。

原图：照片中明暗关系明显，静物主体正面曝光不足

100mm f/1.8 1/2500s ISO 100

在处理逆光拍摄的照片时，可以借助“调整画笔工具”调整照片局部区域的曝光

首先，将需要处理的照片放在软件中并打开。先对照片整体曝光进行调节；然后选择“调整画笔工具”，适当调节画笔中“曝光”参数值，对画面中需要修饰的区域进行擦拭。

后期处理步骤

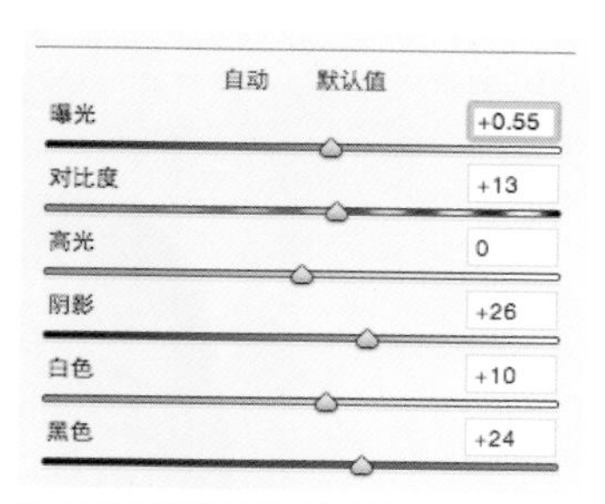

调整“曝光”滑块，从而调整照片整体曝光

选用“调整画笔工具”

调整画笔中“曝光”值，并对需要修饰的区域进行擦拭

然后，照片处理完成，存储照片。

18.5 如何调整偏色的照片

在实际拍摄中，由于光源变化或者色温设置不当，会导致照片出现偏色的问题。

接下来，我们来简单了解一下如何在后期软件中调整偏色的照片。

原图：照片整体曝光不足，并且照片中儿童肤色偏黄

 80mm 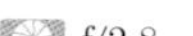 f/2.8 1/500s ISO 100

借助后期软件，我们可以很轻松地纠正照片偏色问题

首先，将需要处理的照片放在软件中并打开。先调整照片“曝光”值，提亮照片；再调整照片“色温”值，纠正照片偏黄问题。

后期处理步骤

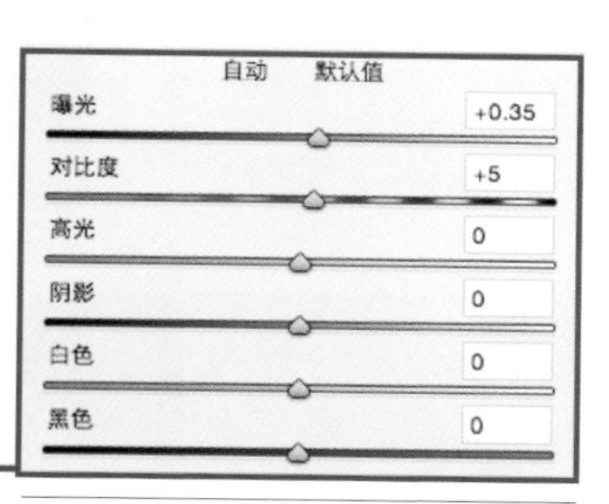

调整“曝光”滑块，从而调整照片整体曝光

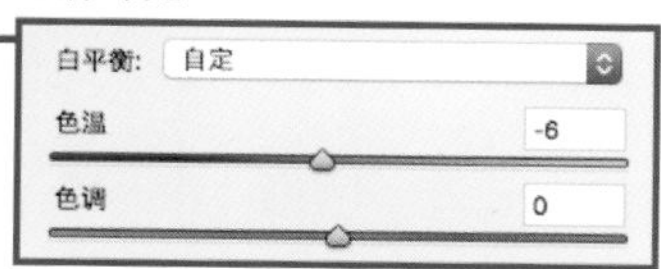

调整软件中的“白平衡”选项，并对照片“色温”滑块进行拖动。通常情况下，照片偏黄偏暖时，我们会将“色温”滑块向左拖曳；照片偏蓝偏冷时，则会将“色温”滑块向右拖曳

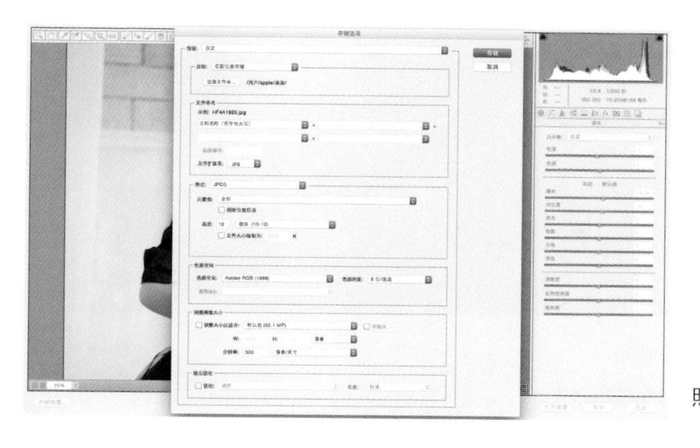

然后，照片处理完成，存储照片。

18.6 如何让照片色彩更艳丽

有时我们会发现，前期拍摄的照片色彩平淡，不够艳丽。这时，我们便需要借助后期软件来调整照片了。一般情况下，我们在调整整张照片色彩鲜艳度的时候，常常会通过调整“饱和度”和“自然饱和度”来实现。

原图：照片色彩平淡

 400mm  f/5.6 1/400s ISO 1000

借助后期软件，我们可以让色彩平淡的照片色彩艳丽起来

首先，将需要处理的照片放在软件中并打开。为使照片色彩艳丽，调整“自然饱和度”和“饱和度”。另外，为使照片更为通透，可以适当增加“蓝原色”。

后期处理步骤

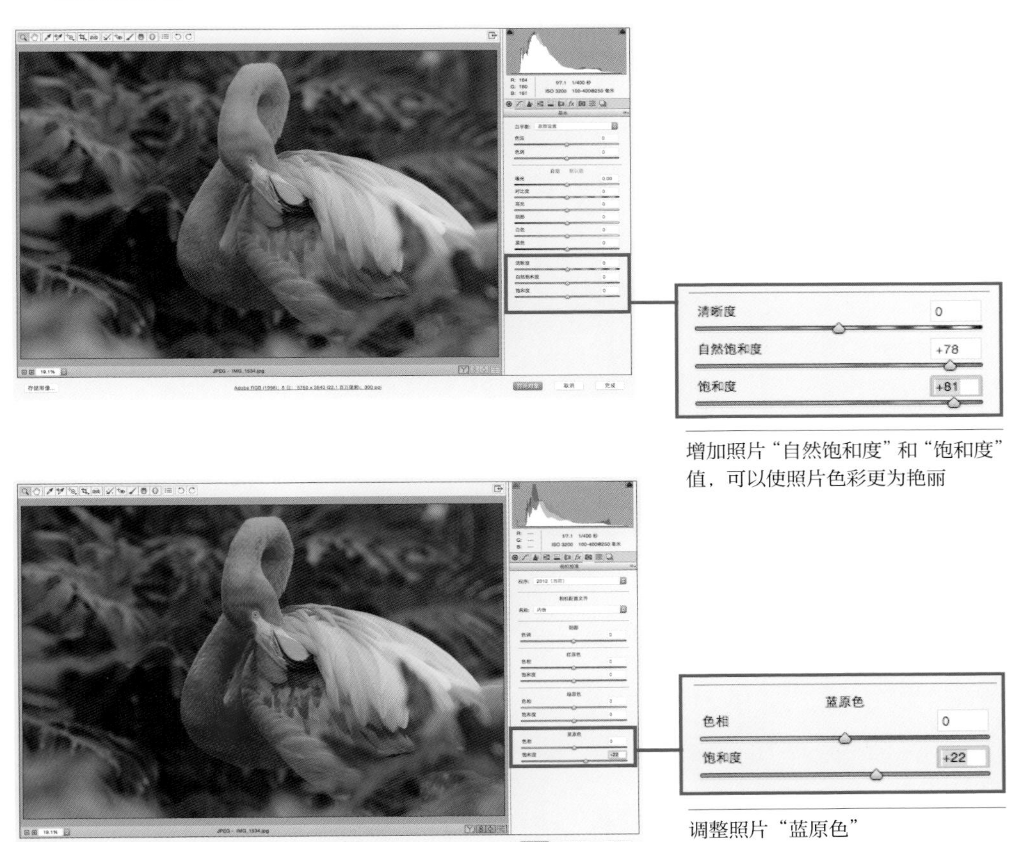

增加照片“自然饱和度”和“饱和度”值，可以使照片色彩更为艳丽

调整照片“蓝原色”

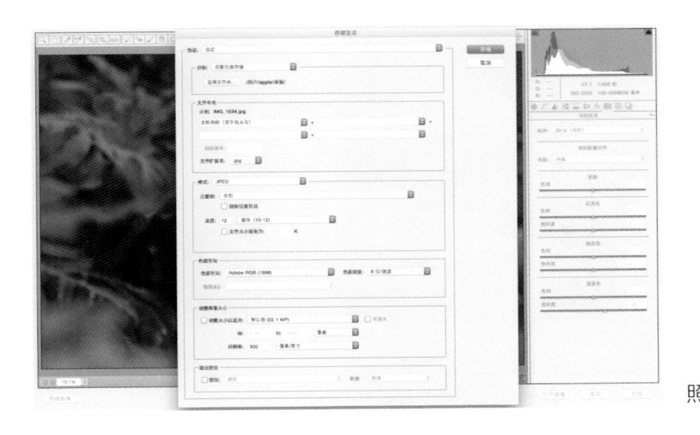

然后，照片处理完成，存储照片。

18.7 如何对某一色彩饱和度进行调节

调整照片整体色彩鲜艳度，我们可以通过调节“自然饱和度”和“饱和度”来处理。那么，对于照片中某一色彩的饱和度，我们应该怎么调整呢？

一般情况下，我们在使用Camera RAW 插件对照片进行处理时，常常会使用该软件中的“目标调整工具”对照片中某一色彩饱和度进行调节。

原图：以调节照片中绿色为例

50mm f/1.8 1/400s ISO 100

借助“目标调整工具”，我们可以很轻松地完成对照片某一色彩饱和度的调节首先，将需要处理的照片放在软件中并打开。选择“目标调整工具”，并在右侧选项框中选择“HSL/灰度”选项，选择该选项中的“饱和度”。将指针放在需要调节的绿色处，按住鼠标左键，向右或者向上拖动鼠标。

后期处理步骤

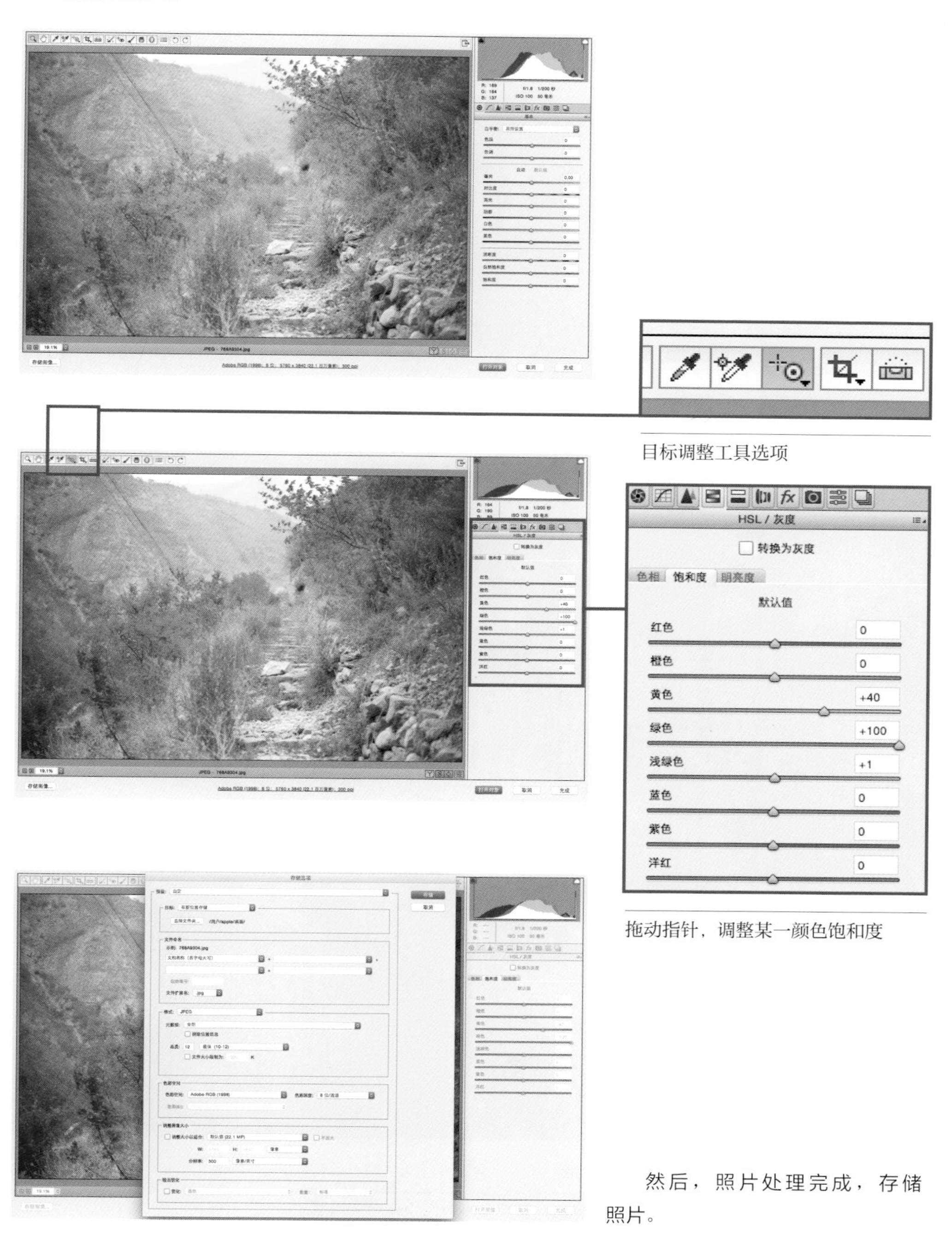

目标调整工具选项

拖动指针，调整某一颜色饱和度

然后，照片处理完成，存储照片。

18.8 如何处理灰蒙蒙的照片

在实际拍摄中，照片会出现灰蒙蒙的效果，在遇到这一类的问题照片时，可以使用后期软件对其进行处理。

通常，灰蒙蒙的照片对比度不足，照片鲜艳度也不够，我们在调整时便可以针对这些不足对其进行具体处理。

原图：拍摄动物园中的蜥蜴，由于玻璃干扰，照片往往呈现出灰蒙蒙的效果

 50mm  f/1.8 1/200s ISO 800

通过后期处理，照片灰蒙蒙状态可以得到很好的改善

后期处理步骤

（1）将需要处理的照片放在软件中并打开。灰蒙蒙的照片多是对比度不足，因此，增加照片对比度。

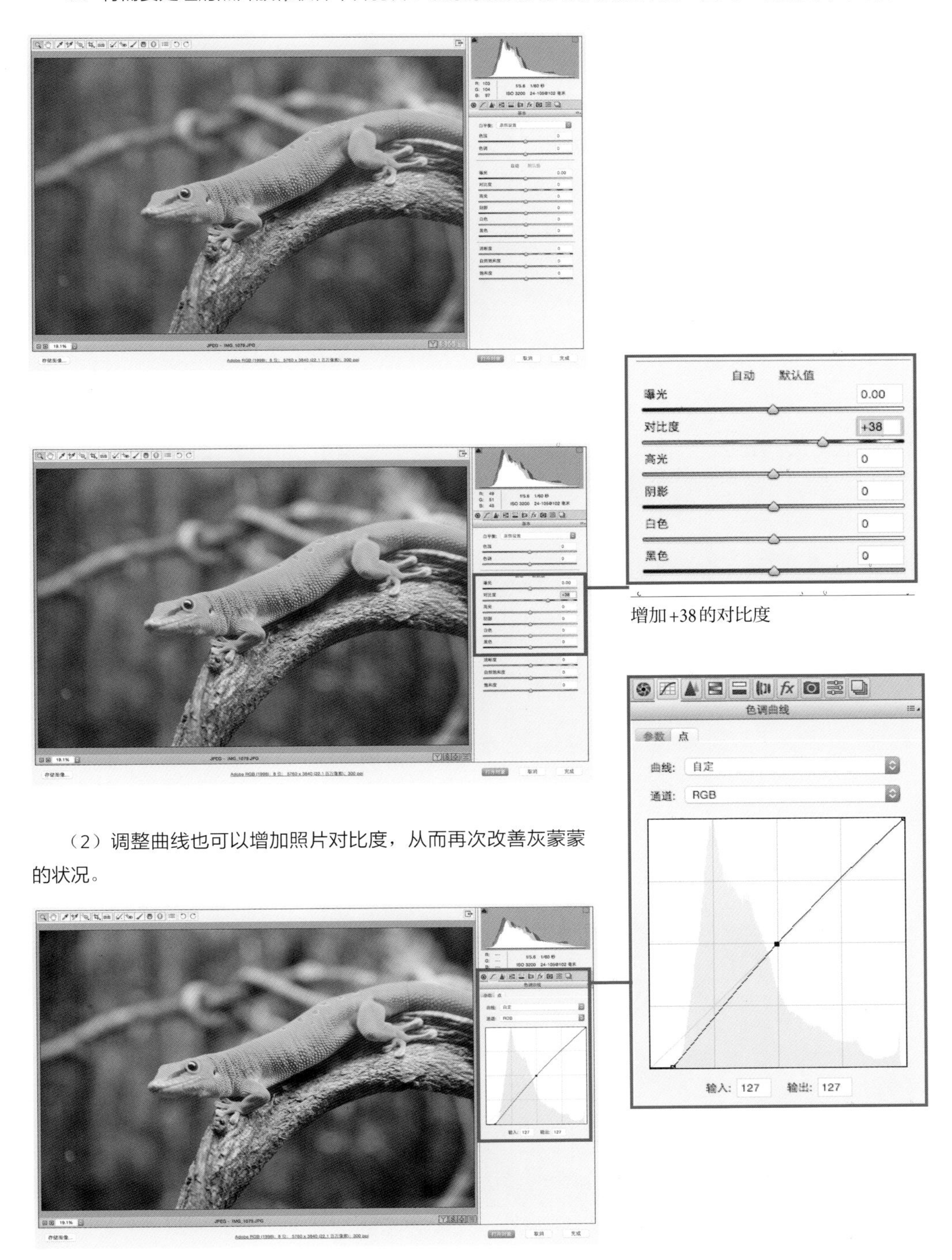

增加+38的对比度

（2）调整曲线也可以增加照片对比度，从而再次改善灰蒙蒙的状况。

（3）照片色彩不够鲜艳时，可以选择“HSL/灰度”中的“饱和度”，并对照片中各色彩饱和度进行调节。

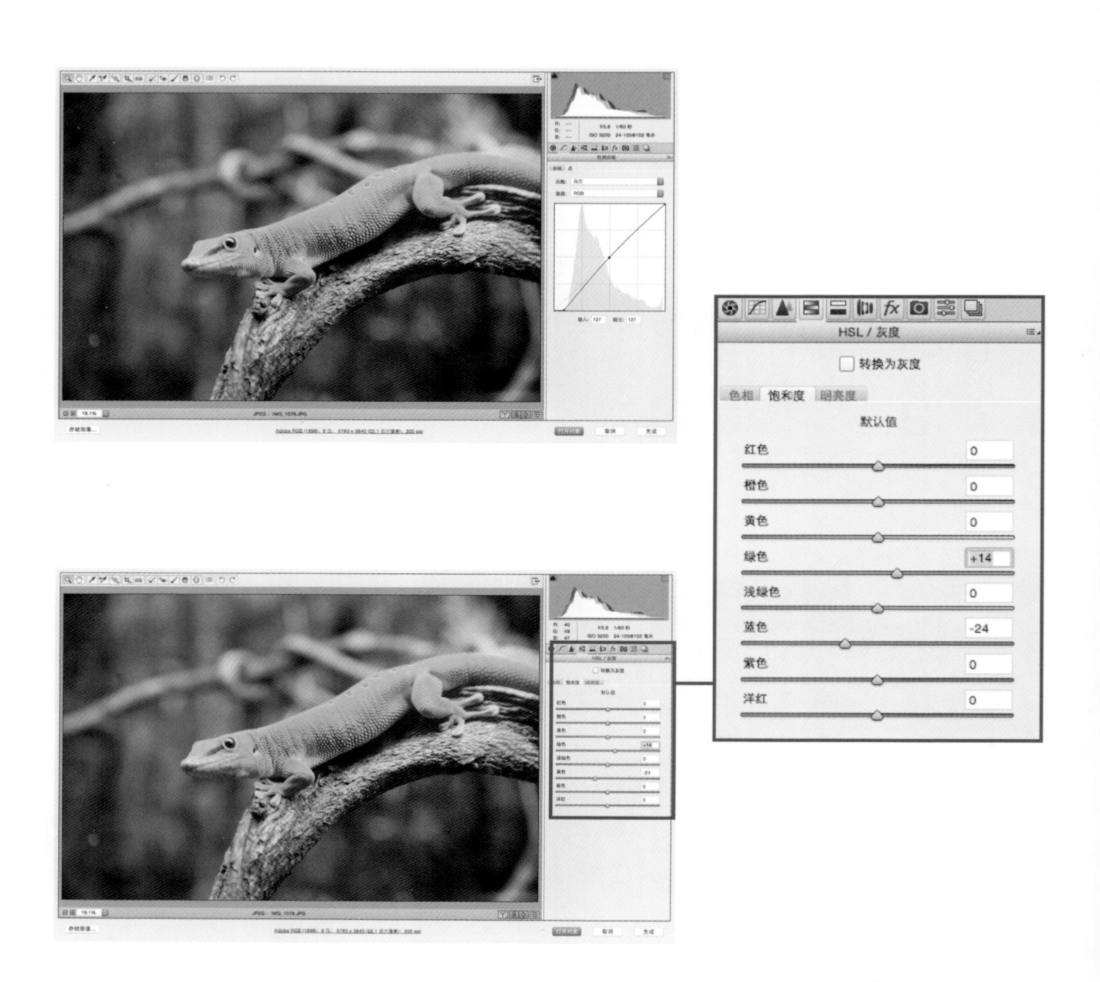

（4）调整“蓝原色”。为使照片更显通透，我们可以适当增加“蓝原色”值。

（5）检查照片，发现照片曝光有些不足。我们可以对“曝光”选项中的“高光”“阴影”“白色”“黑色”滑块进行调整。

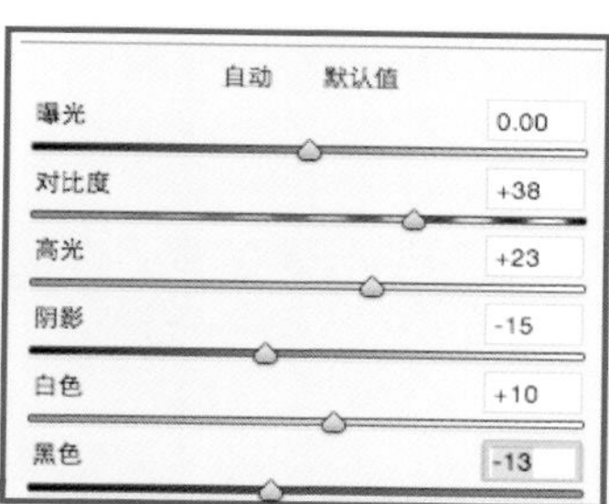

（6）照片处理完成之后，存储照片。

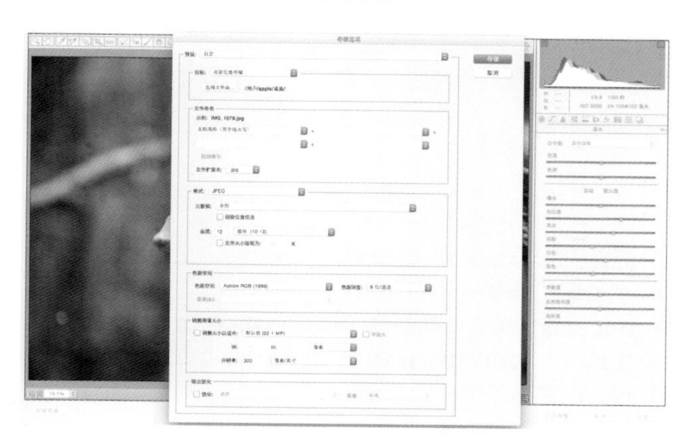

图书在版编目（CIP）数据

摄影用光之美 / 陈丹丹著. -- 北京 ： 人民邮电出版社，2016.9
ISBN 978-7-115-43059-5

Ⅰ. ①摄… Ⅱ. ①陈… Ⅲ. ①摄影光学 Ⅳ. ①TB811

中国版本图书馆CIP数据核字(2016)第157690号

◆ 著　　　　陈丹丹
责任编辑　陈伟斯
责任印制　周昇亮

◆ 人民邮电出版社出版发行　北京市丰台区成寿寺路 11 号
邮编　100164　电子邮件　315@ptpress.com.cn
网址　http://www.ptpress.com.cn
北京顺诚彩色印刷有限公司印刷

◆ 开本：690×970　1/16
印张：22　　2016 年 9 月第 1 版
字数：620 千字　　2016 年 9 月北京第 1 次印刷

定价：88.00 元

读者服务热线：(010)81055296　印装质量热线：(010)81055316
反盗版热线：(010)81055315
广告经营许可证：京东工商广字第 8052 号